2018 —

처음 가계부

기본형

2018 기본형

처음 가계부

최강 / 재테크 블로거 / 요니나표

김나연 지음

조선앤북

머리말

하루 15분 가계부 타임으로 꿈과 재테크 둘 다 잡으세요!

돈을 모으고 싶으시다고요? 그러기 위해선 현재 내 재정 상태를 객관적으로 파악하는 것부터 시작해야 합니다. 내가 어떻게 돈을 쓰고 있는지 확인하는 가장 좋은 방법은 바로 가계부를 적는 거고요. 여기까지는 다들 아실 거예요. 그런데 이렇게 돈 관리를 제대로 하고 싶어 새로운 마음가짐으로 열심히 가계부를 쓰지만 늘 제자리 걸음에 속상해 하는 경우가 많아요. 이건 가계부를 쓸 때 숫자만 열심히 기록하는 것으로 만족하기 때문입니다. 활용법을 모르니 써도 그만 안 써도 그만인 데다가, 내게 맞지 않은 양식에 소비 내역을 억지로 채우는 경우도 생기다 보니 쉽게 질리거나 흐지부지되는 상황이 발생하는 거죠. 그러나 내게 맞는 포맷에 약간의 작성법만 활용하면 재테크 핵심 도구로 활용할 수 있는 것이 바로 가계부랍니다.

실제 저는 고등학생 때부터 10년 넘게 시중에 나온 온갖 가계부를 섭렵하며 돈 관리를 해왔습니다. 하지만 노력에 비해 제 지갑 사정이 나아지는 건 크게 느끼지 못했어요. 그래서 하게 된 생각이 '내게 도움이 되는 가계부를 직접 만들어 보는 건 어떨까?' 하는 거였습니다. 그 이후 그동안 가계부를 쓰며 느꼈던 점을 바탕으로 불편한 점은 보완하고 지출 습관에 좋은 영향을 주는 부분들은 추가하여 새롭게 양식을 만들기 시작했습니다. 이 표들을 바탕으로 온라인 카페, 오프라인 스터디 등에서 의견을 교환하고 함께 사용해보는 과정을 거쳤고, 일정 기간 사용 후 실제로 재정 상태가 긍정적으로 변화되는 모습을 확인할 수 있었어요. 이렇게 확인된 좋은 사례들로 용기를 얻어 돈 관리에 관심은 많지만 어떻게 첫 시작을 해야 할지 고민하는 이들을 위해 지난해 『2017 처음 가계부』를 선보였습니다. 그리고 이 가계부를 한 해 동안 직접 써보며 최선인지 점검하고 개선점을 고민해 『2018 처음 가계부』를 새롭게 탄생시켰습니다.

『2018 처음 가계부-기본형』은 1일 1장씩 쓰는 요니나표 가계부만의 데일리 양식을 유지했으며, 「한 달 계획」에서는 달력의 날짜 칸을 나누어 변동 수입이나 목표 등을 적을 수 있도록 배려했습니다. 이 밖에 독자들의 요청을 반영해 '장기&단기 목적 통장 내역표', 사용 빈도가 높은 리스트는 페이지를 추가하는 등 보다 알차고 실속 있게 준비했습니다.

어떤 가계부에서도 찾아볼 수 없는 『처음 가계부』의 새로운 양식이 낯선가요? 간단해 보이는 다른 가계부와 달리 쓸 내용이 많을 것 같다며 지레 겁부터 먹진 마세요. 그 내용들이 모여 돈을 관리해주는 것은 물론 마음속에만 있었던 꿈을 이뤄주는 소중한 내 삶의 무기가 되어줄 테니까요. 매일 밤 하루를 마치기 전 딱 15분만 시간을 내세요. 그 15분이 내 앞으로의 몇 십 년을 바꿔줄지도 모릅니다. '내가 제대로 하고 있는 것일까?' '다른 사람들은 어떻게 돈 관리를 하고 있을까?' 하는 궁금증이 생긴다면 망설이지 말고 네이버 '재:시작 카페'로 놀러 오세요. 자신의 삶을 열심히 즐겁게 꾸려가고 있는 여러 동료들을 만날 수 있습니다.

돈을 안 쓰는 것이 아닌 제대로 잘 쓰는 우리가 되도록 가계부로 똑소리 나는 돈 관리 함께 해봅시다. 여러분의 흥미진진 가계부 이야기를 두 손 모아 기다리고 있겠습니다.

요니나 김나연

CONTENTS

2018년 처음 가계부

PART 1

돈이

저절로

모이는

가 계 부
작 성 법

BASIC GUIDE

나는 이래서 가계부를 쓴다

가계부 왜 안 써요?

저는 2013년 여름부터 평균 일주일에 한 번 정도 초 · 중 · 고등학교 학생들을 대상으로 금융 교육 봉사 활동을 하고 있습니다. 최근에는 돈을 모으는 것은 물론 효율적인 소비와 돈 관리 방법에 대한 사람들의 관심이 높아졌더라고요. 그래서 금융 교육도 '현명하게 돈 쓰기'라는 주제로 요청이 많이 들어옵니다.

현명하게 돈을 쓴다는 것은 무엇을 의미할까요? 일단 제가 진행하는 수업에서는 '용돈 기입장' 작성법을 기반으로 다양한 수입 종류를 알아보고, 현재 가지고 있는 돈을 잘 사용하고 관리해 저축까지 하는 과정을 가르칩니다. 수업 시작 전, 학생들에게 "여러분 용돈 기입장 쓰나요?" 하고 물으면 "네!" "아니오." "예전에 썼다가 지금은 안 써요." 등의 대답이 나옵니다. 그러면 저는 또 물어봅니다. "용돈 기입장 왜 안 써요? 썼다가 지금은 안 쓴다면 그 이유가 궁금해요." 그러면 "귀찮아요." "쓰는 시간이 아까워요." "자꾸 잊어버려요." "써도 뭐가 달라지는지 모르겠어요." "돈 쓴 것을 다시 한 번 기록하는 게 스트레스예요." 등 성인을 상대로 같은 질문을 했을 때와 비슷한 대답이 나옵니다. 용돈 기입장이든 가계부든 '적는 어려움'은 세대와 상관없이 비슷한 모양입니다.

그렇다면 가계부를 쓰지 않는 이유에 대해 조금 더 자세히 알아볼까요?

첫째, 가계부 작성이 귀찮고 번거로워요.

귀찮고 번거로운 감정은 언제 나타날까요? 자기가 정말 원하는 일을 할 때? 아니면 좋아하는 사람을 만나러 갈 때? 아마 그 반대 상황일 때가 더 많을 겁니다. 가계부를 떠올리면 한숨부터 나오거나 써야 된다는 압박감과 스트레스가 앞서기도 하죠. 가계부를 통해 내 삶이 긍정적으로 변화하는 걸 직접 느끼지 못했기에 나오는 자연스러운 감정이라고 생각합니다.

둘째, 지출 내역을 잊어버려요.

평소 가계부에 관심을 가지지 않았기에 생기는 일인데, 이 부분은 지레 겁부터 먹지 않아도 됩니다. 요즘은 메모나 가계부 어플이 잘되어 있어 실시간으로 기록하기 쉽거든요. 또 처음에 습관만 잘 들이면 나중에는 누가 말하지 않아도 몸이 먼저 반응합니다.

셋째, 돈이 나가는 것을 기록하는 순간 소소한 행복이 줄어들 것 같아요.

가계부는 객관적인 자료라 내 모든 것이 드러날 정도로 생활과 맞물려 있습니다. 돈을 쓴다는 게 마냥 부정적인 의미를 담고 있는 것은 아닙니다. 내 소비 한도 내에서 조절만 잘하면 됩니다. 예를 들어 소비 항목 중 '군것질'이 나의 소소한 행복이라면 그 행복을 위해 다른 항목을 줄이는 방법으로 소비 균형을 맞출 수 있답니다. 군것질을 하기 위해 평소 자주 타던 택시를 한 번 줄이는 거죠. 가계부는 불필요한 항목을 줄여나가면서 진정한 행복을 찾을 수 있게 도와주는 도구랍니다. 실제로 저는 가계부를 쓰면서 제가 진짜 원하는 소소한 행복을 더 많이 누리게 되었어요.

넷째, 마이너스 인생을 굳이 기록하고 싶지 않아요.

제가 고등학교 시절부터 꾸준히 쓰던 가계부를 대학 신입생이 되면서 그만뒀던 이유가 바로 이거였습니다. 수입은 한정되어 있는데 소비는 지속적으로 늘어나다 보니 가계부를 쓰면서 여러 가지 생각이 들더라고요. '난 왜 돈이 없을까?' '작성하는 시간조차 아깝네.' '가계부를 쓰나 안 쓰나 똑같겠지.' 등의 부정적인 생각에 사로잡혔던 거죠. 그렇지만 가계부를 쓰지 않으니 더 난처한 일이 생겼어요. 가계부를 작성할 때는 수입에 딱 맞춰 쓰거나 가끔 1,000원 정도 잔액이 남았습니다. 하지만 가계부 작성을 그만둔 지 20일도 채 안 되었을 때 이미 수중에 있던 돈을 다 써버렸어요. 여기서 끝이 아니에요. 돈이 없어서 정말 하고 싶은 걸 포기하는 일도 발생했습니다. 그동안 가계부가 아무 도움이 되지 않았다고 생각했지만 무의식적으로 가계부를 확인하면서 스스로 자제하고 통제하는 긍정적 스트레스를 받고 있었던 것이죠. 짧은 기간 안에 가계부의 중요성을 확실히 느낀 이후, 지금껏 8년 넘게 가계부를 꾸준히 쓰고 있습니다. 제 주변에도 비슷한 경험을 하고 중도 포기 했다 다시 가계부를 쓰기 시작한 사람들이 많았어요.

다섯째, 가계부를 작성할 만큼 가진 돈이 없어요.

매번 돈이 부족해 허덕이는 친구들에게 가계부 작성을 권할 때 자주 듣는 말이에요. 돈이 별로 없어서 가계부를 쓸 일도 없다고 합니다. 하지만 우리는 평생 소비를 하면서 살아갑니다. 본인도 모르는 사이에 주머니에서 슬금슬금 빠져나가는 지출은 없는지 일찍부터 확인해보는 것이 중요합니다. 낭비가 줄어들면 여유 자금이 조금씩 생기는 기쁨을 맛볼 수 있습니다. 수입이 적을수록 현재 소비 상태를 반드시 되돌아봐야 합니다.

여섯째, 가계부를 작성해도 변화가 없어요.

하루도 빠짐없이 열심히 가계부를 쓰는데도 통장 잔고는 가계부 쓰기 전과 비교했을 때 그다지 달라진 게 없다면 의욕을 잃을 수 있습니다. 많은 분들이 가계부 쓰기를 중도에 포기하는 이유인데, 가계부를 단순하게 기록하는 용도로만 쓸 뿐 제대로 활용 못 하고 있기 때문입니다. 활용법만 알면 분명 재정 상태에 긍정적인 변화가 생기는 것을 느끼게 된답니다. 가계부에는 돈 관리를 개선해줄 다양한 기능이 있거든요.

가계부를 쓰면 좋은 점

가계부를 작성하면 본인에게 미치는 긍정적인 영향을 6가지로 나눠보았습니다.

첫째, 나의 수입과 지출을 객관적으로 파악할 수 있습니다.

가계부의 장점으로 흔히 언급되는 것으로, 가계부의 가장 기본적인 역할이기도 하죠. 가계부 자료 없이는 제대로 돈을 관리하기 어렵습니다. 생각보다 많은 사람들이 실제 내 손에 쥐어지는 수입과 빠져나가는 지출 금액을 두루뭉술하게만 알고 있어요. 습관이 잡힐 때까지라도 가계부를 이용하여 기본을 단단하게 다져나가야 합니다.

둘째, 고정 지출과 변동 지출 통제로 담백한 소비를 만들 수 있습니다.

지출을 관리하다 보면 고정 지출과 변동 지출이 어느 정도인지 궁금해집니다. '생각보다 고정 지출이 많네!' '몇 가지 지출은 내가 통제할 수 있겠는걸!' 등 일상생활 속에서 줄일 수 있는 부분을 가계부 작성을 통해 찾게 됩니다. 고정 지출을 파악하면 한 달에 한 번씩 정산을 하면서 불필요하거나 생각지도 못한 항목을 줄일 수 있습니다. '대중교통으로만 움직이기' '나에게 맞는 요금제 찾기' '가까운 거리는 걸어 다니기' '사용 안 하는 전기 코드 뽑기' 등 직접 할 수 있는 것들을 찾아보세요. 변동 지출 관리는 거창한 것이 아니예요. '커피 1잔 덜 마시기' '길거리 음식 먹지 않기' '지각해서 벌금 내지 않기' '책 반납 연체하지 않기' 등 소소한 소비 내역부터 챙기면 된답니다.

셋째, 같은 돈이라도 보다 잘 쓸 수 있습니다.

가계부를 이용해 내가 했던 소비에 대해 칭찬이나 반성 등의 피드백을 하면서 소비의 의미를 찾을 수 있습니다. 필요 소비와 원함 소비를 구분하는 연습을 하면서 아무 생각 없이 지출을 늘리거나 아예 돈을 쓰지 않는 것이 아닌, 내게 꼭 필요한 소비만 골라 할 수 있는 힘을 키워줍니다.

넷째, 내게 맞는 금융 상품 활용이 가능합니다.

가계부를 쓰면 현재 남은 돈을 쉽게 확인할 수 있어요. 이 돈을 추가로 소비해버리는 대신 저축, 투자 상품 또는 비상금 통장에 넣어둘지 생각해봅니다. 가계부를 쓰기 전에는 어림짐작만으로 여윳돈이 생길 거라고 여기는 경우가 많아요. 그걸 믿고 제대로 공부하지 않고 저축 · 투자 상품에 무리하게 가입했다가 납입 금액 또는 기간 설정 실패로 중도 해지를 하거나 수수료를 물기도 합니다. 또한 체크카드, 신용카드도 카드마다 다양한 혜택이 존재해 같은 물건이나 서비스를 구매해도 개인마다 실지출 금액에서 차이가 납니다. 이 부분 역시 가계부를 이용하면 본인 소비 패턴에 딱 맞는 금융 상품을 고를 수 있어요.

다섯째, 돈과 시간은 비례 관계입니다.

인생 계획에는 재무 계획이 반드시 들어가야 할 정도로 재정과 생활은 맞물려 있습니다. 생각 없이 돈을 쓰면 하루가 의미 없이 지나가요. 반면 하루 동안 필요한 항목에 돈을 썼다면 시간 역시 잘 사용하고 있다는 뿌듯함을 느끼게 됩니다. 조금만 신경 쓰면 시간과 돈을 계획적으로 쓸 수 있습니다.

여섯째, 꿈을 이룰 수 있는 지원군 역할을 합니다.

이루고 싶은 꿈은 보통 돈과 연관되어 있는 경우가 많습니다. 여행을 가고 싶지만, 뭔가를 배우고 싶지만, 돈이 없어 그 꿈을 미루고는 하죠. 더 이상 돈 때문에 소중한 꿈을 포기하는 일이 생기지 않도록 가계부가 든든하게 도와줄 것입니다.

어플 가계부 7년 쓰다 수기 가계부로 돌아온 이유

가계부는 수기, 어플, 엑셀, 온라인 등 다양한 종류가 있습니다. 이 중 2개 이상의 가계부를 복합적으로 사용하는 혼합 가계부도 있죠. 형태부터 디자인까지 취향과 성향에 맞는 걸 골라 쓸 수 있을 만큼 종류가 많습니다.

저는 고등학생 때까지 손으로 쓰는 용돈 기입장을 사용했지만 20대가 되면서 컴퓨터, 스마트폰 가계부의 이용 빈도가 월등히 높아졌어요. 그냥 자연스럽게 수기 가계부 대신 편리함과 간편함을 갖춘 IT 가계부를 찾게 되더라고요. 하지만 분명 여러 편리한 기능이 있었음에도 쓰면 쓸수록 기록에만 충실할 뿐 정작 돈 관리에는 큰 도움을 받지 못한다는 생각을 하게 되었습니다. 그럼에도 계속 여러 종류의 어플이나 엑셀 가계부를 시험해보고 있던 어느 날, 우연히 그날 소비한 내용을 종이 수첩에 적어보았어요. 소비하면서 받았던 혜택과 혹해서 구매하고 바로 후회한 항목, 그리고 각 지출에 대한 좋은 점, 아쉬웠던 점 등을 다이어리 쓰듯 조목조목 써내려갔습니다. 그랬더니 그날의 소비가 확연히 정리되고 파악이 되더라고요.

자동으로 입력되는 어플 가계부는 그냥 그날의 소비를 기록으로 남긴다는 느낌밖에 받을 수 없습니다. 하지만 손으로 직접 가계부를 쓰면서 느낀 점은 소비한 내역 역시 힘들게 벌어들인 수입만큼 중요하게 여기고 관리해야 된다는 것이었습니다. 지출을 제대로 통제할 수 있어야 남는 돈도 생기고, 그것이 곧 저축이나 투자를 할 수 있는 기반이 되니까요. 그날로 전 수기 가계부를 다시 잡게 되었습니다. 그날의 소비를 한 줄 한 줄 쓰면서 지출과 돈 관리 상태를 되돌아보는 시간을 갖는 게 참 좋았습니다. 든든한 부적처럼 느껴지기도 했어요. 7년 동안 어플, 인터넷 가계부를 잘 쓰다가 한순간에 수기 가계부로 갈아탄 것은 소비 관리를 잘할 수 있는 장점과 더불어 수기 가계부 특유의 감성을 건드리는 아날로그적인 매력도 한몫하지 않았나 싶어요.

이렇게 기존에 쓰던 어플, 인터넷 가계부를 과감하게 접고 수기 가계부를 쓴 지 벌써 1,000회차가 넘었습니다. 여전히 글씨는 안 예쁘고, 귀찮거나 피곤할 때는 잠시 휴식을 취하기도 합니다. 하지만 수기 가계부는 제 돈 관리에 새로운 바람을 불어넣어 줬기에 포기할 수 없는 보물 1호입니다.

나는 왜, 언제까지, 얼마 정도의 돈을 모으려고 하는가?

신년 계획을 세울 때 건강, 자기 계발, 재테크 등은 빠지지 않는 단골손님이죠. 지금 언급한 계획들은 모두 자기 자신과의 싸움을 통해 이뤄낼 수 있습니다. 하지만 '작심삼일'이라는 말처럼 시간이 지날수록 흐지부지되기 쉽죠. 저 역시 늘 이런 점이 고민이었던 터라 의지가 약한 제가 끝까지 할 수 있는 방법을 줄곧 고민해왔습니다. 그러면서 돈을 모으는 것과 꿈을 이루는 과정은 매우 밀접하게 연결되어 있다는 것을 깨닫게 되었어요. 어느 하나에만 집중하기에는 둘 다 정말 중요한 요소더라고요. 물론 돈이 모든 행복을 좌지우지하는 것은 아니지만 우리가 사는 현실에서는 무시할 수 없는 존재니까요.

그렇다면 어떻게 꿈과 돈, 둘 다 잡을 수 있을까요? 돈에 대해서 생각하려면 먼저 나의 인생 계획, 즉 꿈 목록을 작성해보는 것이 필요합니다. 거창한 것을 떠올릴 필요 없이 가벼운 걸로 시작해보세요. 흔히 '버킷 리스트'라고도 부르는 꿈 목록은 목표 기간 설정에 따라 장기 목록(1년 이상)과

단기 목록(1년 이하)으로 나눕니다. 처음에는 짧은 기간 안에 결과가 나오는 1년 이하의 단기 꿈 목록부터 시작하는 것이 좋습니다. 적응이 되면 장기 목록을 바탕으로 단기 목록을 꾸준히 업데이트하면서 꿈을 이룰 수 있는 체계를 만드는 것이죠. 이렇게 꿈 목록을 작성해보면 삶의 목표가 보다 명확하게 그려집니다. 이루고 싶은 것들을 떠올리면 하루를 헛되이 살지 않게 되지요. 또한 본인이 해야 할 것에 대한 방향이 잡히면서 결심이 흔들리거나 슬럼프가 오는 횟수가 줄어들어요. 꿈을 하나둘 이루다 보면 자신감과 자존감이 상승하는 것도 느낄 수 있고요. 그간 하루살이처럼 살았다면 이제는 내일이 더 기대되는 생활로 바꿔보는 건 어떨까요?

가계부에 있는 꿈 목록이라고 해서 돈과 연관된 꿈만 적기보다 나의 삶 전반에 걸쳐 이루고 싶은 것들을 모두 적어보세요. '설마 되겠어?' 하고 생각하는 꿈도 꼭 적으세요. 저는 20대 초반에 '내 이름으로 된 책 한 권 출간하기'를 반신반의하며 꿈 목록에 적었는데, 그렇게 쓰고 2년 뒤에 실제로 책을 출간하게 되었습니다. 터무니없어 보이는 내용도 글로 써보고 또 계획대로 이루지 못했더라도 계속 도전하고 경험했어요. 그 과정을 통해 꿈을 이루기 위해 꾸준히 노력하고 시도하면 좋은 결과로 이어질 확률이 훨씬 높아진다는 걸 몸소 느꼈습니다.

꿈 목록 작성 팁

첫째, 다양한 주제를 가지고 꿈을 적어보세요.

처음 꿈 목록을 적을 때는 '갖고 싶은 것' '하고 싶은 것' '가보고 싶은 곳' 등을 나열하는 경우가 많습니다. 물론 이런 꿈들도 좋지만 '되고 싶은 모습' '나누어주고 싶은 것' 등으로 꿈의 영역을 확장해보는 건 어떨까요? 예를 들면 '약속 시간 10분 전에 도착하기' '가계부 꾸준히 쓰는 끈기 갖기' 처럼 평소 개선하고 싶은 습관이나 유지하고 싶은 본인의 모습에 대해서 써보는 거예요. 나 자신, 가정, 돈, 봉사, 나눔 등 다양한 분야에서 삶을 되돌아볼 수 있게 된답니다. 여러 가지 꿈을 분야별로 분류해 꿈 목록을 작성해두면 내 삶의 나침반 역할을 해주지요.

꿈 목록 분류	일/업무, 자기 계발, 문화, 봉사, 기부, 가정, 여행, 건강, 재테크, 나, 습관, 미용 등

또한 작성한 꿈 중에 개인적인 꿈과 직업적인 꿈의 비율이 비슷한지 확인해보세요. 우리의 삶은 여가와 성과가 조화롭게 맞물려야 균형 잡힌 성장을 할 수 있습니다. 꿈을 달성했으면 □ 칸을 ☒ 칸으로 만듭니다.

개인적	직업적
☒ 감사 일기 일주일에 3회 이상	☐ 프리랜서(재테크) 포트폴리오

둘째, 구체화, 수치화를 통해 살아 있는 꿈을 만들어보세요.

'1년에 책 52권 읽기'는 '책 많이 읽기'보다 이룰 수 있는 확률이 높습니다. 목표 달성에 실패하는 이유 중 하나는 이루고 싶은 꿈은 큰데 막상 무엇부터 시작해야 할지 몰라 어영부영하기 때문이죠. 꿈을 조금 더 명확하게 만들어 오늘 당장 할 수 있는 일을 찾아 실천하는 것이 필요합니다. 1년에 52권이면 일주일에 1권을 읽어야 합니다. 1권이 약 280쪽이라면 하루에 적어도 40쪽 이상을 읽어야 한 권을 읽을 수 있죠. 52권은 많아 보이지만 하루에 40쪽은 해볼 만하지 않나요? 만약 평소 책 읽는 것이 어려운 사람이라면 무리한 숫자로 목표에 대한 부담을 안는 것보다 본인에게 적합한 수치로 조절하면 되겠죠.

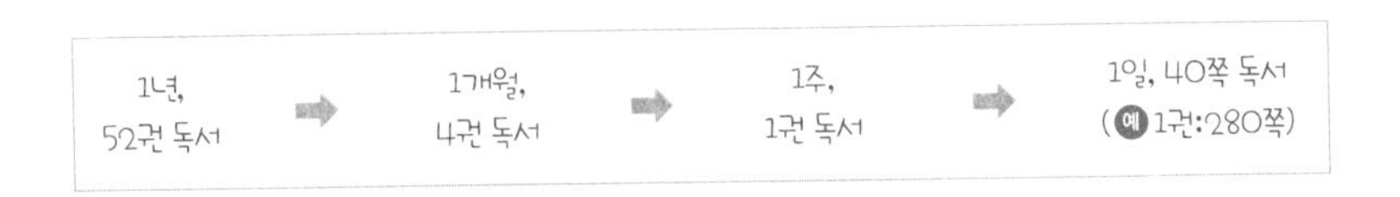

꿈에 대한 전체적인 틀을 잡았다면 돈과 관련한 목표를 세울 차례입니다. 제가 소개할 재무 목표는 흔히 금융회사에서 작성하는 것과 달리 꿈 목록을 기반으로 스스로 계획을 세울 수 있는 것들입니다. 먼저 방금 작성한 꿈 목록 중에서 돈이 필요한 내용을 확인해봅니다. 대부분의 꿈은 돈과 연관되어 있다는 걸 느낄 수 있습니다.

재무 목표도 꿈 목록처럼 단기와 장기로 나눌 수 있고 작성할 때는 구체적인 내용과 목표에 맞게 수치화를 해야 합니다. 예를 들어 1년 단기 재무 목표를 '1년에 400만 원 모으기'라고 정하기보다는 400만 원을 왜 모으고 싶은지, 모아서 무엇을 하고 싶은지와 같은 구체적인 목표가 있어야 합니다. '부모님 선물로 드릴 200만 원' '해외여행을 위한 200만 원 모으기'가 더 생동감 있고, 모으는 도중 슬럼프가 오더라도 목적이 있기에 쉽게 지치지 않습니다. 누군가 빌려달라고 했을 때도 목적이 있는 돈은 쉽게 빌려주기가 어렵습니다. 이 돈을 빌려주면 내 꿈을 이루는 시기가 늦어짐을 본인이 누구보다 더 잘 알기 때문이죠.

이렇게 꿈을 기반으로 재무 목표를 세웠으면 현재 내 상황을 파악해야 할 차례입니다. 1년에

400만 원은 한 달에 33만 원을 모아야 만들 수 있는 금액입니다. 현재 자신의 상황에서 가능한 일인지 확인해보세요. 평소 한 달에 20만 원을 저축하고 있다면 남은 13만 원은 어떻게 채워야 할지 고민해봐야 하는 거죠. 또 다른 수입을 창출할 것인지, 불필요한 지출을 줄일 것인지, 다른 저축이나 투자 비중을 조절할 것인지 등 구체적인 계획을 세워보세요. 그런 다음엔 금융 상품을 활용하여 보다 빠르게 원하는 꿈을 이룰 수 있습니다. 많은 사람들은 불안과 걱정 때문에 지금 당장 나에게 도움이 되지 않는 금융 상품에 가입합니다. 이후 관리가 되지 않아 중도 해지 해버리고 역시 재테크는 어렵고 나에게 맞지 않는다고 하소연하죠. 내 소중한 목돈을 금융회사에 맡길 때는 목적과 혜택, 리스크 등을 분명하게 알아야 합니다.

두근거리는 꿈 목록 작성 후 꼭 이룰 수 있도록 스스로에게 보내는 응원의 한마디를 작성하는 걸 잊지 마세요. 힘들거나 포기하고 싶을 때 한 번씩 보며 긍정적 자극을 받을 수 있거든요. 완성된 꿈 목록 가운데 올해 안으로 이뤄야 하는 목표는 월간 달력에 표시하고 미리 준비합니다.

이처럼 신년 맞이 꿈 목록 작성을 통해 오래된 나쁜 습관을 버리고 긍정적인 습관을 들이는 노력을 해봅시다. 좋은 습관이 자리 잡기까지 보통 30일 정도 걸리지만 그 효과는 평생 간다고 합니다. 미국의 자기 계발 전문가이자 컨설턴트로 유명한 브라이언 트레이시는 "목표가 있으면 행복해집니다. 대부분의 사람들이 행복하지 않은 이유 중 하나는 목표가 없기 때문입니다."라고 말했습니다. 여러분은 지금 행복한가요? 처음부터 완벽한 목표를 세우기는 힘듭니다. 하지만 꾸준히 실천하고 행동하면서 목표를 이룰 수 있는 기반을 마련해보는 건 지금 당장 할 수 있습니다.

오늘 꿈 목록을 작성하고 재무 목표를 내 손으로 직접 세워보는 건 어떨까요? 2018년 여러분의 꿈을 응원합니다.

★ 2018년 꿈 목록 – 파트 2 60쪽에서 작성하세요

가계부에서 관리할 3대 지출 알아보기

고정 지출 & 저축 & 변동 지출

지출은 크게 고정 지출, 변동 지출, 저축으로 나누어집니다. 고정 지출은 내가 평상시 '숨만 쉬고 살아도' 나가는 지출로 교통비, 통신비, 관리비, 월세 등이 있습니다. 고정 지출은 변동 지출과 달리 매일 내 의지대로 줄이기가 어렵습니다. 그래서 한 달 결산을 할 때 청구되는 금액을 참고하여 월 예산을 세워야 하는데요, 우선 줄일 수 있는 항목을 찾아 금액을 낮추는 작업이 필요합니다.

가계부 쓸 때 마음에 들지 않았던 부분 중 하나가 고정 지출이 발생하는 날에는 평상시보다 하루 소비 금액이 대폭 커지는 것입니다. 예를 들어 11일인 오늘, 통신비나 교통비가 빠져나가는 날이라면 다른 추가 소비가 없더라도 가계부에는 이날 유독 지출이 많이 잡혀 불편한 생각이 드는 거죠. 이런 문제점을 해결하기 위해 『처음 가계부』에서는 고정 지출을 「한 달 계획」과 「한 달 마무리」에서만 다루고 「하루 가계부」와 「일주일 마무리」에서는 제외합니다. 총수입에서 고정 지출을 제외하고 남은 순수 변동 지출 금액만 「하루 가계부」와 「일주일 마무리」에 작성하는 거예요. 그럼으로써 가계부를 통해 마음만 먹으면 줄일 수 있는 변동 지출 항목에 보다 집중하려고 해요.

이제 저축에 대해 이야기해볼까요? 저축을 지출로 분류하는 것이 어색하다고 느낄 수 있습니다. 하지만 현재 내가 사용할 수 없는 돈으로 '없는 셈 치고' 따로 떼어두는 것이므로 지출로 잡아 관리하는 것이 편하답니다. 저축은 어떤 방식으로 하느냐에 따라 고정 저축과 변동 저축으로 구분할 수 있습니다. 고정 저축은 정해진 날짜에 입금하는 것으로 종류에는 예 · 적금, 적립식 펀드, 보험 등 금융 상품이 있어요. 고정 지출처럼 굳이 행동을 취하지 않아도 자동으로 통장에서 돈이 빠져나가기 때문에 납입일을 확인하는 것은 필수! 고정 저축을 가계부에 표시할 때는 고정 지출 대분류 항목에 '저축'으로 구분해두면 관리하기 쉽습니다.

반면 변동 저축은 정해진 날짜에 돈이 빠져나가는 고정 지출과 달리 실생활에서 매일 실천할 수 있는 저축입니다. 예를 들어 매일 마시던 커피를 안 마셨을 때 남은 금액을 적금, 자유 입출금 통장, CMA 등에 따로 모으는 방식을 말합니다. 어떤 날은 자투리 돈을 모아 저축을 할 때도 있지만 또 다른 날은 아예 변동 저축을 못 하는 날도 있겠죠. 변동 저축도 변동 지출처럼 의지에 따라 결과가 달라지는 매력이 있습니다. 끈기가 필요하긴 해도 은근히 중독성이 있기에 저축을 매번 중도 해지 하는 게 고민이었다면 차라리 변동 저축에 한번 도전해보세요.

이제 각 항목별로 자세히 알아보겠습니다.

고정 지출

고정 지출은 연간 계획 소비와 월 고정 지출로 나눠집니다. 이 둘은 일상생활을 하면서 피할 수 없는 필수 지출 항목이기도 하죠. 연간 계획 소비는 1년에 한두 번 정도 발생하는 소비로 어느 정도 지출 금액을 예상할 수 있습니다. 이벤트 데이(어버이날, 결혼기념일, 생일 등), 명절비, 휴가비 같은 지출이 여기에 들어갑니다. 또 재산세, 자동차세, 자동차 보험료 등 이용하거나 갖고만 있어도 지출이 발생하는 항목도 있습니다. 반면 월 고정 지출은 한 달에 한 번씩 정기적으로 나가는 소비입니다. 의지만 있다면 충분히 아낄 수 있 는 항목이기도 합니다. 통신비, 교통비, 공과금, 관리비, 월세, 대출이자, 학원비, 렌털비 등을 예로 들 수 있어요.

개인마다 고정 지출 금액 및 날짜는 제각각이죠. 평균적으로 연간 계획 소비는 정해진 해당 날짜 에 이뤄지고, 월 고정 지출은 월급이나 수입이 발생하는 날을 기점으로 5일 안에 월급 통장 또는 고정 지출 통장에서 자동이체가 되게 설정을 많이 해둡니다. 요즘은 카드 자동이체로 소소한 혜택 을 받을 수도 있어요. 이 혜택을 받기 위해서는 고정 지출을 카드 이체로 설정해야 합니다. 카드가 연결되어 있는 계좌가 아니라는 것 꼭 기억하세요. 의외로 많은 분들이 계좌 자동이체와 카드 자 동이체가 동일하다고 생각하더라고요.

연간 계획 소비를 관리하는 방법

첫째, 월마다 발생하는 소비 목록을 작성하세요.

파트 2의 앞부분(61쪽)에 있는 '연간 계획 소비 목록'을 이용하면 놓치는 부분이 줄어듭니다.

둘째, 해당 날짜에 소비 항목과 내용, 예상 지출 금액을 파악하여 작성합니다.

정확한 금액을 모르면 대략적으로 적어도 됩니다. 작년 지출 자료를 참고하면 좋아요.

예 5월 8일, 경조사, 어버이날 총 200,000원

셋째, '1년 고정 소비의 대략적인 총합계 ÷ 12개월 = 한 달에 모아야 하는 평균 연간 계획 소비 금액'을 기반으로 달마다 필요한 예산을 준비합니다.

큰돈이 필요한 경우 미리 저축 계획을 세워야겠죠.

넷째, 가계부를 시작하는 1일 또는 월급날(20일 전후)을 기점으로 계획을 세웁니다.

한 달에 필요한 연간 계획 소비가 월 40만 원이라면 지금 당장 쓰지 않을 돈이라도 비상금 통장 또는 연간 계획 소비 통장 및 관련 목적 통장에 틈틈이 모은 후 목적에 맞게 지출하세요.

★ 2018년 연간 계획 소비 목록 – 파트 2 61쪽에서 작성하세요 》

월 고정 지출 관리하는 방법

첫째, 월 고정 지출을 작성하세요.

매달 빠져나가는 고정 지출을 「한 달 계획」에 소비 항목 및 내용, 예상 지출 금액을 파악해서 작성합니다. 지난달 고정 지출 자료를 참고하되 내역이 없으면 대략적으로 적어보세요.

예 12월 11일, 통신비(11월 요금), 총 38,500원

둘째, 「하루 가계부」 소비 계획에는 고정 지출 이체 확인을 위해 메모만 해두고 이체 당일 제대로 처리되었는지 확인한 후, 「한 달 마무리」의 고정 지출 결산에 작성하면 됩니다.

지출 내역은 「하루 가계부」에서는 따로 잡을 필요가 없지만, 기록하고 싶다면 '결제 수단-기타' 항목에 적으세요.

가계부를 적다 보면 고정 지출 항목인 핸드폰 요금, 대중교통 요금, 전기료, 난방비 등 마음만 먹으면 조금씩 줄일 수 있는 월 고정 지출에 자연스럽게 관심을 갖게 됩니다. 사실 소비를 줄일 때 가장 먼저 조정이 필요한 항목이기도 합니다. 불필요한 요금이 나가고 있는 건 아닌지 확인하면서 내게 맞는 요금제와 방법을 알아볼 수 있어요. 불편하고 귀찮다는 이유로 줄줄 새도록 방치해뒀던 푼돈을 모으면 나중에 무시할 수 없는 목돈이 된다는 걸 알게 될 거예요.

고정 지출을 줄이는 방법

예전에 저는 기분에 따라 버스, 지하철 중 내키는 대로 대중교통을 이용했습니다. 요금도 비슷해서 딱히 불편함을 느끼지 못했어요. 그러다가 매달 발생하는 고정 지출에 부담을 느끼게 되면서 교통비를 절약할 방법을 고민하기 시작했습니다. 그래서 생각해낸 방법은 웬만한 거리는 걸어 다니는 거였어요. 그리고 주로 이용할 대중교통은 지하철로 결정했어요. 지하철은 이동하는 동안 책을 읽거나 원고를 작성하는 등 버스보다 시간을 활용할 방법이 많더라고요. 그래서 지하철

만 이용 가능한 정기권으로 대중교통 결제 수단도 변경했습니다. 정기권은 지하철 이용 시 혜택이 있는 대신 버스와 환승은 되지 않습니다. 지하철 외 대중교통 수단은 필요에 따라 선불 교통카드에 일정 금액을 충전해서 이용합니다. 이렇게 하면 귀찮고 번거로울 줄 알았는데 미리 소비 계획을 하니까 오히려 예측 가능한 지출을 할 수 있어서 좋더라고요. 고정 지출은 줄어드는 것뿐 아니라 걷는 시간이 늘어나면서 운동도 생활화되어 건강까지 챙기게 되었습니다. 덤으로 예전보다 시간 약속도 잘 지키게 됐어요.

예전 대중교통비 (후불 교통카드)	현재 대중교통비 (정기권 + 선불 교통카드)
월 140,000원	월 90,000원 (정기권 80,400원 + 선불 9,600원)

정기권

주로 이용하는 교통수단이 지하철이라면 정기권을 이용해보세요. 이동 거리에 따라 서울 전용 또는 거리 비례용(14종)으로 나눠지는데, 서울 전용은 요금이 5만 5,000원입니다. 하지만 서울 전용 구간 외의 역에서는 승차가 불가합니다. 거리 비례용은 적용 거리에 따라 운임 요금이 달라집니다.

(**운임**: 종별 교통카드 운임 x 44회 x 15% 할인한 금액으로 발행. 1,250원~1,450원 구간은 1,250원 x 44회가 적용)

- 정기권 카드는 가까운 지하철 역무실에서 현금으로 구입 가능 (가격 2,500원)
- 충전한 날부터 30일 이내 60회 사용 가능 (30일 경과 또는 60회 모두 사용한 경우, 기간이나 횟수가 남았더라도 사용 불가)
- 서울 전용 정기 승차권은 지정된 사용 구간 이외 역은 승차 불가. 하차할 경우 1회 추가 차감
- 이동 거리에 따라 정기권 금액이 다름. 홈페이지 및 역사 안에 있는 고객 센터 문의
  (**운임 찾아보는 법**: 서울도시철도 홈페이지(www.smrt.co.kr) ▶ 지하철 이용 정보 ▶ 운임 안내)
- 현금 영수증 가능

대중교통 조조할인

교통 집중 시간대를 분산하기 위해 첫차부터 오전 6시 30분까지 대중교통을 이용하는 사람에게 지하철과 버스 요금의 20%를 할인해주는 제도입니다. 적용 범위는 서울시 버스, 전체 수도권 지하철과 광역 버스입니다. 현재 지하철 기본요금 1,250원은 1,000원에, 간선 버스 기본요금 1,200원은 960원에 이용할 수 있어요. 한 달이면 5,000~6,000원 정도 절약할 수 있습니다. 단, 대중교통 조조할인은 다른 교통수단을 이용한 후 환승할 경우 추가 할인은 받을 수 없고 선 · 후불 교통카드로만 가능합니다. 정기권은 적용이 안 되니 꼭 확인하세요.

몇 달 전, 핸드폰 약정이 끝나고 기기도 말썽이라 고심 끝에 핸드폰을 바꾸기로 했습니다. 이용하고 있는 통신 요금 역시 가성비를 생각했을 때 비싸다고 느껴졌고요. 가족들 중 저 혼자 A통신사라 할인 혜택도 받을 수 없었어요. A통신사를 고집한 이유는 외부에서 와이파이가 잘되기 때문이었는데, 평소 B통신사를 좋아하지 않는 개인적인 취향도 영향을 미쳤죠. 하지만 통신비 부담을 느껴 조금 더 알아보니 B통신사로 이동하면 온 가족 할인에 인터넷 결합 혜택까지 받아 원하는 요금제를 보다 저렴하게 사용할 수 있더라고요. 와이파이 문제는 데이터 무제한으로 해결했어요. 또한 핸드폰 기기도 무조건 최신 폰을 염두에 두기보다는 사양을 비교해보고 제가 쓰기에 무리가 없는 제품 중에서 골랐습니다. 이렇게 고른 기기 값은 개통할 때 모두 완납해버려서 소액이지만 매달 발생하는 할부 이자도 없앴습니다(단말기 할부 이자: 연 5.9~6.1%, 100만 원 단말기를 2년 할부로 구매하면 약 6만 원, 3년 할부면 약 9만 원의 이자를 지불하게 됨). 물론 요금을 더 줄일 수도 있겠지만 지금 이용하고 있는 요금제와 멤버십 무료 제공 혜택이 제게 맞아 최대한 오래 잘 활용하기로 결정했습니다.

예전 통신비 (A통신사)	현재 통신비 (B통신사)
월 61,830원 데이터 2.5GB + 통화 250분 (같은 통신사끼리 무제한)	월 38,500원 데이터, 통화 모두 무제한 (타 통신사 포함)

고정 지출 통장 고르는 팁

교통비, 통신비, 국민연금, 관리비 등 일부 고정 지출은 카드(체크카드, 신용카드 등) 또는 통장 자동이체를 이용하면 환급(캐시백), 포인트 적립 등 소소한 혜택을 받을 수 있습니다. 금융회사 홈페이지를 살펴보면 자동이체 신청자에게 혜택을 주는 이벤트가 주기적으로 진행됩니다. 물론 이벤트라고 해서 모든 사람이 동일한 혜택을 받을 수 있는 것은 아닙니다. 지속적으로 카드 환급 혜택을 받기 위해서는 전월 실적이 존재하는 금융 상품도 있습니다. 카드 종류 및 전월 실적 조건이 다양해 소소한 혜택을 받으려다 오히려 과소비로 이어질 우려가 있습니다. 그런 내용을 신경 쓰기 귀찮다거나 지금 당장 카드 혜택을 받기 어려운 상황이라면 고정 지출 통장에 모두 연결해 편하게 관리하면 됩니다. 월급 통장을 이용해도 되고, 고정 지출 통장을 하나 만들어도 됩니다. 통장 개설이 어렵다면 월급 통장을 고정 지출 통장으로 함께 사용해도 됩니다.

부자 되는 꿀팁

4대 보험(건강보험, 국민연금, 고용보험, 산재보험) 자동이체

보험별로 1건당 매월 200 ~ 250원 감면 혜택

- **지역 가입자** 건강보험료 200원, 국민연금보험료 230원 (연금보험료는 이메일 고지로 설정하면 200원 추가 감면 혜택)
- **사업장 가입자** 고용보험료 250원, 산재보험료 250원 (건강보험료, 연금보험료 혜택 없음)

(자동이체는 국민건강보험공단 대표전화(☎1577-1000), 홈페이지(www.nhis.or.kr), 사회보험 통합징수포털 홈페이지(si4n.nhis.or.kr), 각 국민건강보험공단 지사, 금융기관에서 신청할 수 있습니다.)

전기요금 자동이체

전기요금을 자동이체로 납부하면 월 1,000원을 할인받을 수 있습니다. 더불어 고지서를 우편이 아닌 이메일 또는 모바일로 받으면 월 200원이 추가로 할인됩니다. 한 달에 총 1,200원을 절약할 수 있죠. 한전 사이버 지점(cyber.kepco.co.kr) 또는 한전 고객 센터(☎123)로 전화, 한전 지점 또는 금융기관 방문 신청(전기요금 청구서, 예금 통장, 거래용 인감, 신분증 지참)으로 신청 가능합니다.

저축

사야 할 것이 있는데 지금 당장 지출하기에는 금액이 부담스러운가요? 또는 필요한 소비가 아닌 원하는 소비 항목이라 실생활비가 걱정인가요? 소비는 하고 싶지만 돈 때문에 고민이라면 해당 소비 항목과 금액을 적어보고 오로지 그 소비를 위한 예 · 적금, CMA, 적립식 펀드 등의 금융 상품에 돈을 한번 모아보세요. 우리가 재테크에 관심을 갖고 돈 관리를 해야 하는 이유 중에는 돈을 원하는 곳에 쓰기 위한 것도 있습니다. 평소에는 준비하지 않다가 특정 소비를 위해 갑자기 허리띠를 졸라매며 소비를 억제하는 건 장기적으로는 좋지 않습니다. 원함 소비(필수적이지는 않지만 간절히 원해서 하는 소비를 저는 이렇게 불러요), 필요 소비, 금액이 큰 소비, 꾸준히 지출이 발생하는 소비(경조사비, 의료비 등) 등 모두 계획을 세워 미리 준비할 수 있습니다. 매달 일정 금액을 고정적으로 모아도 되지만, 무조건 쓸 수밖에 없다고 생각하는 실생활비 안에서 본인이 줄일 수 있는 부분을 체크하여 남은 돈을 활용하는 방법도 있어요.

목적 저축

무작정 돈을 모으는 것이 아니라 특정 소비를 목적으로 돈을 모으기 위해 사용하는 통장을 '목적 통장'이라고 부르겠습니다. 보통 필요 소비보다 원함 소비를 위해 목적 통장을 이용합니다. 많은 사람들이 먼저 소비 항목을 결제하고 생활비에 타격을 입은 채 남은 돈을 절약하면서 한 달을 버팁니다. 하지만 목적 있는 저축으로 소비하는 습관을 들이면 직접적인 생활비 부담이 줄어듭니다. 또한 목적 통장에 저축해야 하는 기간이 필요하기에 이전과 달리 과소비, 충동 소비가 감소합니다. 본인 스스로 생활비를 절약하며 목적 통장에 돈 모으는 과정을 거치므로 신중히 소비하게 되는 것은 물론 소비 후 만족도도 상대적으로 높아요. 시간을 갖고 돈을 모으다 보면 그 소비가 정말 필요한지를 스스로 생각하는 기회가 생기기 때문입니다. 그렇다고 모든 소비에 의미를 부여해 돈을 모을 것까진 없고 '원함 소비' '특수 지출' '금액이 큰 지출' 위주로 관리하는 것이 효율적입니다.

목적 통장에는 '무지출 통장' '푼 · 공돈 통장' '건강 통장' '경조사 통장' '기초 화장품 통장' '요니나가 쏜다 통장' 등 소비할 목적에 맞게 이름을 설정합니다.

먼저, 무지출 통장에는 지출을 전혀 하지 않은 날 스스로를 칭찬하는 의미로 5,000원을 입금합니다. 입금 금액은 각자 자유롭게 정하면 됩니다. 일정 기간 동안 모은 금액은 여행비에 보태거나 새로운 금융 상품에 가입하는 데 사용할 수 있습니다. 푼 · 공돈 통장은 실생활에서 발생하는 소액을 모을 수 있는 자투리 저축 방법입니다. 카드 이용 금액 캐시백, 통장 이자, 할인받은 돈 등을 받는 즉시 저축하는 것이죠. 1년 만기가 되면 새로운 종잣돈으로 재탄생해 이후 금융 상품에 가입하거나 할 때 든든한 지원군이 됩니다. 건강 통장은 병원비, 약값 등으로 나가는 돈을 미리 모아두는 통장인데 병원 가는 빈도가 잦거나 갑자기 큰 금액이 필요할 때 생활비에서 그냥 쓰기에는 부담이 될 수 있어 나중을 위해 미리 저축하는 방법입니다. 고정 적금과는 또 다른 콘셉트로 접근 가능합니다. 장기적으로 노후 대비로도 이용할 수 있습니다. 전 '눈썹 왁싱 통장'도 있어요. 원함 소비로 눈썹 왁싱을 하고 싶은데 생활비로 매번 정기 지출을 하려니 부담스럽더라고요. 한 달에 한 번 소비하는 거라 한 달 기간을 잡고 실생활에서 아낄 수 있는 부분을 체크하는데, 왁싱 금액이 보통 2만 원이라 일주일에 5,000원씩 해당 금액을 모으고 소비합니다. 화장품 통장의 경우 역시 사려고 하는 제품과 가격을 조사하고 역으로 계산하여 3개월 전부터 돈을 모읍니다. 이렇게 구매 항목에 대해 사전 조사를 해 쿠폰이나 적립금을 활용하면 똑같은 제품도 갑작스레 살 때보다 훨씬 저렴하게 구매 가능합니다.

목적 통장 사용법

① 구매하고 싶은 항목과 금액, 구매 시기를 구체적으로 적습니다.

② 처음부터 소비 항목을 고정 지출로 잡아 자금을 모아도 됩니다. 그러나 원함 소비의 비중이 생각보다 크다면 실생활비에서 돈을 모으세요. (생활비까지 줄여가며 소비하고 싶을 정도로 필요 소비인지 확인할 수 있어요.)

③ 목적 통장에 한 달에 얼마 정도를 모아야 목적을 이룰 수 있는지 체크합니다. 저축 금액이 많으면 빨리 구매하거나 장기 저축 자금에 여유가 생기겠죠. 하지만 본인이 감당할 수 있는 범위 안에서 저축 금액을 설정하는 것을 권합니다.

④ 목적에 따라 통장을 각각 개설할 필요는 없습니다. 먼저 자유 입출금, CMA, 예 · 적금 통장 중 목적 통장에 적합한 상품을 고르세요. 1개 통장에 입금 내역으로 목적을 구분하고 처음 가계부의 '목적 통장 내역표'를 이용해 관리하면 됩니다.

목적 통장 종류

- **자유 입출금 & CMA** 경조사, 건강, 눈썹 왁싱 등 입출금이 자유로운 단기적 소비 목적
- **예 · 적금** 여행 통장, 결혼 자금 마련 통장, 노후 대비 통장 등 장기적으로 큰 목돈을 모을 필요가 있는 경우, 평소 본인이 유혹에 약해 돈을 자유롭게 입출금 못 하도록 일정 기간 동안 묶어둘 필요가 있는 경우 등 다소 강제적인 저축 목적

'목적 통장 내역표' 작성법

① 목적 통장을 이용하여 구매하거나 장기적으로 자금을 모으고자 하는 항목에 구체적이고 참신한 명칭을 붙여보세요.

예 촉촉한 내 피부를 위한 수분 크림 구매 또는 나를 위로하는 날! 아낌없이 쓰기

② 목적 통장에 처음으로 돈을 넣기 시작한 날짜와 목표를 이루고 싶은 날과 금액을 적어보세요. 목표를 이루기 위한 다짐 또는 자신만의 응원 메시지를 적어보세요.

1. 경조사 통장

저축 시작한 날짜	2018. 01. 06	목표 달성 기간	경조사가 없어지는 날	목표 달성 금액	큰돈 나가는 경조사에 대비해 소비 폭 줄이기
목표 달성을 위한 응원 메시지	소액 저축으로 큰 기쁨을 누려보자.				

2. 수분 크림 통장

저축 시작한 날짜	2018. 01. 01	목표 달성 기간	2018. 02. 10	목표 달성 금액	70,000원
목표 달성을 위한 응원 메시지	20% 할인! 놓칠 수 없다. 틈틈이 포인트도 모으자!				

③ 매달 자동이체를 걸어놓거나 실생활에서 소액 저축이 가능하다면 그때마다 '목적 통장 내역표'에 입 · 출금 내역을 작성합니다. 메모에는 돈이 들어오고 나가는 흔적을 기록합니다. 소비 결과에는 달성 여부 및 소비 내역을 적으세요. 신발, 수분 크림 등 단기 지출 프로젝트라면 구매 여부를 적고 경조사나 건강처럼 장기 지출 프로젝트라면 '△△ 결혼식 축의금' '병원 치료' 등으로 기록을 업데이트하세요.

④ 목적 통장 저축 여부는 「하루 가계부」에 추가로 작성해도 되고, '목적 통장 내역표'만 확인해도 된다면 뒷부분의 내역표에 작성하세요.

★ 단기 · 장기 목적 통장 내역표 – 파트 2 558~563쪽에서 작성하세요

1. 경조사 통장

날짜	저축한 돈	소비한 돈	남은 돈	메모	소비 결과
…					
5/01		8,028원	32,272원	◇◇ 생일 선물	★ 새도
5/29		15,900원	16,372원	△△ 생일 선물	◎ 쿠션
6/01	30,000원		46,372원	고정 저축 금액	

2. 수분 크림 통장

날짜	저축한 돈	소비한 돈	남은 돈	메모	소비 결과
…					
1/10	10,000원		30,000원	이번 주 남은 돈	
2/07	40,000원		70,000원	고정 저축 금액	
2/10		70,000원	0원	구매	△△ 수분크림

저는 경조사가 많은 4~5월, 9~10월을 위해 미리 경조사 통장에 틈틈이 돈을 모아 실생활비에 큰 타격 없이 경조사를 챙기고 있습니다. 갖고 싶은 신발이나 필요한 화장품을 살 때도 당장 구매하기에는 부담스러워 제품과 가격이면 조사해본 후 일정 기간 동안 돈을 모아서 지출합니다. 이렇게 하면 혹해서 소비한 것보다 훨씬 구매 만족도가 높고 재정에 큰 타격을 주지 않더라고요. 반면, 캔들 워머는 갖고 싶은 물건 중 하나지만 생활비를 줄여가면서까지 사고 싶은 마음은 아직 없어 목적 통장에 따로 돈을 모으고 있지는 않습니다. 살아감에 있어 불편하거나 간절하지 않기 때문이죠. 정말 필요하면 캔들 워머 목적 통장을 만들겠죠? 목적 통장이 일상화되면 삶의 만족도까지 자연스레 높아집니다.

무지출 통장

무지출 통장이란 지출 없는 날에 소액이라도 저축하면서 스스로에게 보상하는 특별 미션 통장을 말합니다. 가계부를 쓰다 보면 지출을 하지 않은 날도 생깁니다. 처음 몇 달은 한 달 끝나는 동안 쓸 돈도 부족해 무지출을 하는 날이면 쓸 돈이 생겨 다행이었어요. 이런 기쁨도 잠시, 한 달에 무지출하는 횟수가 많아져도 한 달 결산에서 재정 상태가 크게 변하거나 뿌듯한 느낌이 없었습니다. 오히려 무지출 덕분에 일주일 또는 한 달 예산이 남으면서 소비할 때 추가 지출을 해도 된다는 여유로움이 생겼습니다.

우연히 '재:시작 카페' 회원 한 분이 지출 없는 날은 스스로에게 잘했다고 칭찬하는 의미로 소액이라도 좋으니 일정 금액을 따로 저축하고 기록한다고 쓴 글을 보았습니다. 무지출이 그저 가계부의 기록으로만 끝나는 것이 아쉽던 차에 제 나름대로 무지출에 의미를 부여하기 위해 바로 무지출 통장을 만들었습니다. 지출 없는 날을 또 다른 저축을 하는 날로 정하면서 남은 예산을 몽땅 소비하는 대신 저축을 함으로써 추가로 종잣돈을 만들기 시작한 거죠.

무지출 통장에 넣는 저축 금액은 자유롭습니다. 1,000원이나 5,000원처럼 일정 금액을 정해도 되고 매번 금액이 달라도 상관없습니다. 단, 소액도 좋으니 지금 당장 돈이 없어 못 한다는 말만 하지 마세요. 하는 것과 안 하는 것은 시간이 지났을 때 차이가 큽니다.

통장 종류는 매일 자투리 금액을 넣을 수 있는 상품이면 좋습니다. 저금통도 좋지만 소액의 이자도 함께 받는 게 낫다고 생각하면 자유 적금, 자유 입출금 통장, CMA 통장 등을 이용해보세요. 개설만 해놓고 딱히 사용 용도를 정하지 않아 방치해둔 자유 입출금 통장, 자유 적금 통장을 활용하는 것도 괜찮습니다. 방치해뒀던 적금 통장을 다시 살려 유용하게 무지출 통장으로 활용하는 사례도 종종 볼 수 있습니다. 만약 본인 의지가 약하다면 입금과 출금이 자유로운 통장이나 CMA 통장보다는 기간을 정해놓고 만기 때까지 뺄 수 없는 예 · 적금 통장을 선택하세요.

저축 기간은 본인 상황에 맞게 자유롭게 설정하세요. 6개월도 좋고 1년도 좋습니다. 단, 1년을 넘기지는 말고 짧게 끊어 지속적으로 유지하는 것을 권합니다. 저는 한 달간 저축한 금액이 한 달에 한 번씩 자유 입출금 통장으로 다시 들어오는 일명 '스윙 계좌' 상품을 활용하고 있습니다. 저축 상품명은 신한은행 '한달愛 저금통'이에요. 월 1회 소소한 이자도 함께 들어와 지루할 틈이 없다는 것이 장점입니다. 요즘에는 자유 적금도 스마트폰으로 간단하게 가입 및 관리할 수 있으니 끝까지 유지 가능한 금융 상품으로 시작하세요.

무지출 통장 활용 LEVEL

무지출 통장 활용은 총 3단계로 나뉩니다. 가장 쉽게 따라 할 수 있는 LEVEL 1부터 고난이도의 LEVEL 3까지 있어요. 먼저 LEVEL 1부터 시작해서 습관을 들여보세요.

LEVEL 1

소비 계획과 상관없이 무지출하는 그날 또는 그다음 날 통장에 저축합니다.

LEVEL 2

소비 계획에 지출 항목을 적었지만 스스로 통제하여 무지출을 했다면 원래 계획했던 소비 금액을 입금합니다. 예를 들어 간식비, 유흥비, 기호 식품 구입비, 택시비 등이 있어요. 만약 무지출하는 게 계획이었다면 무지출했을 때 미션 금액을 넣으면 되고요.

LEVEL 3

LEVEL 1과 2를 함께 하는 것입니다. 소비하려고 했던 금액에 무지출 미션 금액까지 추가로 저축하는 것이죠. 활용 레벨이 올라갈수록 저축 범위는 넓어지고 소비 계획을 세울 때 더욱더 신중해집니다. LEVEL 3은 무지출 빈도와 소비 계획 달성 확률이 높으면 도전해보세요. 하지만 섣불리 LEVEL 3으로 넘어가면 금방 지칠 수 있으므로 주의하세요.

저는 무지출 통장을 만들어 저축한 지 어느 덧 2년이 넘었습니다. 만약 혼자 미션을 진행했다면 며칠 만에 흐지부지되었을 겁니다. 함께하면 더 오래 할 수 있다는 생각에 무지출 하는 날마다 재:시작 카페에 통장 인증 글도 올리고 있습니다. 스스로 되돌아보는 건 물론 다른 사람들의 응원 댓글은 꾸준히 이어나갈 수 있는 원동력이 됩니다.

무지출을 통해 모은 돈을 어떻게 활용할지는 정답이 없지만 보통 통장 운영 방식에 따라 다양한 방법이 나올 수 있습니다. 추후 무지출 통장에 모인 돈은 투자 종잣돈이 될 수도, 다시 목적 통장으로 옮겨 필요한 지출 항목에 사용할 수도 있죠. 저는 무지출 통장으로 고른 금융 상품의 특성상 모인 돈이 한 달에 한 번씩 자유 입출금 통장으로 들어오기에 금액의 50%는 푼 · 공돈 저축 통장 또는 기간이 긴 저축 상품에 다시 넣어 저축을 유지합니다. 남은 50%는 목적 통장으로 옮겨 경조사 통장, 위시 리스트 통장, 의료비 통장 등 제 나름대로 배분하여 추가 종잣돈을 마련하죠. 무지출 통장이 6개월 이상 1년 만기 저축 상품이라면 만기된 돈을 모두 다시 저축하거나 일정 금액만 저축하고 남은 돈은 소비를 위한 돈으로 잡아두는 방법도 있습니다. 본인 의지가 조금만 강하고 부지런하면 무지출 할 수 있는 기회는 생깁니다. 직장인은 매일 고정적으로 발생하는 교통비, 식비로 인해 무지출이 어렵다면 고정 소비를 제외한 순수 변동 지출에 해당하는 무지출 소비로 시작해보는 것도 좋습니다.

무지출 통장 미션을 하면서 기억해야 할 점은 무지출에 너무 집착하지 말라는 거예요. 무지출을 한 날은 소비의 유혹을 뿌리친 스스로를 칭찬해주고요, 아쉽게 무지출을 못 한 날은 계획 소비를 했음에 기뻐하는 것이 중요합니다. 무조건 안 쓰는 것보다 계획적인 소비 생활을 위해 가계부도 쓰고 돈 관리를 하는 것이니까요. '무지출 통장을 하면 쓸 돈도 부족해져서 심적 부담이 클 것 같아요.' '평소 무지출이 어려워서 해도 별 차이 없을 것 같아요.'라며 아직 첫발을 떼지 못한 분들도 많습니다. 그런 우려와 달리 소소한 방법으로 자신감을 찾을 수 있는 방법이 바로 무지출 통장이랍니다. 꼭 도전해보세요!

한눈에 보는 통장 사용 설명서

'내가 가입한 금융 상품 정보를 한눈에 알아볼 수는 없을까?' '그때 가입했던 금융 상품 금리가 얼마였지?' '이 금융 상품은 수수료가 면제되는 것이었나?' '이자 들어올 때 되었는데, 언제더라?'

금융 상품에 가입한 뒤에는 그냥 방치하기보다 중요한 정보를 기록하여 필요할 때 활용해야겠죠. 생각날 때마다 매번 금융회사 홈페이지를 들락날락하는 것도 시간 낭비입니다. 한번 정리해놓으면 상품 정보가 변경되지 않는 한 계속 활용할 수 있습니다. 단, 정보가 업데이트될 때는 수정하거나 추가해서 정리해놓으세요. 통장 분류표를 작성하고 나서 이자 받는 날, 만기일 등은 연간 일정과 월간 달력에 미리 표시해놓고 관리하면 됩니다.

통장 종류	자유 입출금, 정기 적금, 자유 적금, CMA, 재형 저축, 정기 예금, 주택 청약, 펀드
통장 용도	공 · 푼돈 통장, 52주 적금, 미션 통장, 목적 통장, 동전 통장, 캘린더 통장, 허브 통장, 무지출 통장, 작심삼일 통장, 비상금 통장, 저축 통장, 주택마련 통장, 용돈 통장, 적립금 통장, 소비 통장, 월급 통장, 출자금 통장, 기타 통장

★ 한눈에 보는 통장 사용 설명서 - 파트 2 564쪽에서 작성하세요

변동 지출

수입에서 고정 지출과 저축을 제외한 나머지가 변동 지출로 사용 가능한 금액입니다. 『처음 가계부』에서 「하루 가계부」와 「일주일 마무리」를 작성할 때는 수시로 발생하는 변동 지출을 대상으로 관리합니다. 변동 지출은 고정 지출과 달리 본인이 충분히 통제할 수 있는 항목을 말하며 실생활과 가장 밀접한 관계가 있어요. 관심 갖고 관리한다면 필요 소비 위주로 담백한 소비 생활을 할 수 있게 도와줍니다. 변동 지출은 대분류와 소분류로 나누어 관리해야 보다 정확하게 소비 패턴을 파악하고 개선할 수 있어요.

대분류는 소분류를 포괄할 수 있는 항목으로 보통 우리가 가계부에 작성하는 기본 분류를 말합니다. 평소 본인이 돈을 어디에 소비하는지 한눈에 확인할 수 있습니다.

대분류 항목	식비, 생활용품, 의복/미용, 건강/문화, 교육/육아, 교통/차량, 경조사/회비, 주거/통신 등

소분류는 대분류(진한색 글씨)에 속하는 세부 항목으로, 대분류만 지정했을 때보다 세세하게 채워 넣을 수 있습니다. 대분류로만 가계부를 작성해도 됩니다. 하지만 소분류는 본인이 자주 소비하는 특정 항목, 불필요한 소비, 생활 습관을 확인하고 긍정적으로 변화시킬 수 있도록 도와줍니다.

소분류 항목	**식비** 주식, 간식, 외식, 커피/음료, 술/유흥, 점심/저녁, 혼자 먹는 간식 등 **생활용품** 잡화, 가구/가전, 주방/욕실, 택배/등기, 문구류, 컴퓨터 관련 등 **의복/미용** 의류, 패션 잡화, 헤어/뷰티, 세탁/수선 등 **건강/문화** 운동/레저, 문화생활, 여행, 병원, 야구장, 음악, 책 등 **교육** 등록금, 학원/교재비, 응시료, 경제 신문, 특강 등 **교통** 대중교통비, 주유비, 택시, 택시(지각) 등 **경조사/회비** 경조사비, 모임 회비, 데이트, 선물, 후원 등 **주거/통신** 관리비, 공과금, 이동통신, 인터넷, 월세 등

변동 지출 관리하는 법

첫째, 지난달 결산 자료를 바탕으로 대분류에 해당하는 소비 예산을 세워봅니다.

기존 자료가 없다면 우선 일주일 정도 지출한 내역을 갖고 '× 4주'로 금액을 설정해도 됩니다. 매번 발생하지 않는 대분류라면 '× 2주'로 잡아도 좋아요.

둘째, 매일 가계부를 작성하면서 잘한 소비와 불필요한 지출을 스스로 체크해보는 피드백 과정이 필요합니다.

'감정에 휩쓸려, 혹해서, 충동적으로, 생각지도 못하게 등' 본인 통제가 안 돼서 발생한 소비는 꼭 빨강 볼펜으로 표시하세요. 나쁜 습관 때문에 소비하는 항목에는 주의를 줘야 합니다.

대분류	소분류	사용처 및 내역	결제 수단	금액
미용	화장품	△△, 매니큐어 1+1	카드	3,000원

셋째, 현금 또는 카드 등 결제 수단이 다릅니다.

결제 수단으로 얻을 수 있는 혜택은 많습니다. 일정 부분을 환급해준다거나 할인된 가격 등으로 활용 가능해요. 그러나 카드 혜택은 전월 실적을 충족해야 누릴 수 있는 상품도 많으므로 소소한 혜택을 위해 카드 여러 장에 실적을 채우는 어리석은 행동은 금물입니다. 혜택보다 더 좋은 것은 실지출액이 줄어드는 것이겠죠?

넷째, 정말 내 소비에 도움 되는 카드를 고르고 소비 통장과 연결하세요.
여유 자금이 생기면 야금야금 써버리는 스타일이라면 소비 통장에는 딱 소비할 금액만 넣어둡시다. 한 달 기준도 괜찮고, 제대로 돈 관리를 하고 싶다면 1~2주 쓸 돈만 넣고 관리하는 게 귀찮아도 효과는 좋습니다.

변동 지출 줄이는 방법

「하루 가계부」보다 「일주일 마무리」를 정리하면 한 주를 되돌아보는 동시에 다음 주를 계획할 수 있습니다.

대분류	금액	지난주	↑↓	예산 잔액	피드백
식비	20,000원	10,000원	↑	40,000원	더운 날씨로 음료 구매가 많아졌다. 다음 주에는 친구와의 약속도 있으니까 혼자 마시는 음료는 딱 1잔만 마시기. 평소 텀블러에 물 넣어 다니기!

가계부를 보니 무심코 사 마신 음료 때문에 식비가 증가했더라고요. 하루만 봤을 때는 큰 문제라고 생각하지 못했는데, 일주일 소비 내역을 수치화해보니 객관적으로 제 소비를 확인할 수 있었습니다. 다음 주는 친구와의 약속으로 식비가 발생할 것이고 이번 달 예산 잔액도 무시할 수 없기에 혼자 소비하는 부분에 변화를 줘야겠다고 다짐했습니다. 주 3회 혼자 마신 음료를 다음 주에는 주 1회로 줄인다는 계획을 세웠습니다. 미션 성공하면 주말에 친구를 만났을 때 맛난 음료로 보상하겠다는 약속을 스스로와 했습니다. 변동 지출은 본인의 의지에 따라 빠른 시일 안에 개선될 수 있습니다. 재미 요소를 더하면 지루하지 않게 목표를 달성하는 데 도움이 됩니다. 화살표 칸은 지난주보다 금액이 많으면 빨간색으로 '↑', 줄었으면 파란색으로 '↓', 동일하면 검정색으로 '='을 표시합니다.

소비 통장 고르는 팁

소비 통장은 오로지 지출 용도로 주로 사용하는 카드가 연결되어 있습니다. 가끔 번거롭다는 이유로 고정 지출과 변동 지출에 필요한 자금을 소비 통장에 모두 놔두기도 합니다. 만약 돈 관리를 처음 해봐서 통장 사용에 익숙하지 않아 제대로 통장 잔액을 구분하기 힘들다면 소비 통장과 고정 지출 통장은 분리하는 게 낫습니다. 소비 통장은 잔액 변동이 빈번하므로 통장 금리보다는 같은 은행 및 다른 은행으로의 이체 수수료, ATM 수수료 면제 혜택을 우선 챙기는 게 바람직합니다.

나만의 지출 분류 정리하기

가계부 책이나 어플에서 소개하는 대분류와 소분류 항목은 작성 시 참고 자료일 뿐 꼭 그 분류에 내 소비를 맞출 필요는 없습니다. 사람마다 소비 패턴이 다르기 때문이죠. 예를 들어 지금 사용하고 있는 가계부에서 '건강/문화'로 대분류가 2개 이상 합쳐져 있다면 '건강' '문화'로 따로 분류해도 됩니다. 데이트, 대외 활동비 등 소비는 있는데도 분류 항목이 없다면 새롭게 추가를 해도 좋고요. 반면, '육아' '차량' 등 아직 본인에게 필요하지 않은 분류는 가계부에서 과감하게 무시하세요. 기존 수기 또는 어플 가계부에 고정되어 있는 분류는 작성할 때 도움을 주기 위해 만들어둔 것들이기 때문에 내 소비 패턴에 적합하지 않는 분류들이 있을 수밖에 없어서 수정 및 삭제해야 하는 번거로움이 있더라고요. 분류가 고정되어 있으면 생각도 그 틀에 갇혀버려 남의 가계부를 쓰는 기분이 들 때도 있었습니다. 또한 소비 내역을 분류하는 것 자체가 스트레스가 되어 가계부 쓰기를 중도에 포기하는 이유가 되기도 하고요.

'오롯이 나를 위한 가계부 쓰는 방법은 없을까?' 하는 고민으로 탄생한 것이 바로 'DIY 지출 분류 만들기'입니다. 가계부 사용이 처음이라면 본인의 소비 패턴에 대한 기존 자료가 없기 때문에 DIY 지출 분류 작업이 어려울 수 있어요. 게다가 시작 첫날부터 지출 분류 작업을 하면 쓰기도 전에 지칠 우려가 있답니다. 그래도 해보고 싶다면 우선 이 책에 있는 기본 양식을 바탕으로 고정 지출과 변동 지출 항목 모두 작성해보세요. DIY 지출 분류는 최소 2~4주 가계부 자료를 바탕으로 만드는 것이 좋습니다. 이미 썼던 가계부 자료가 있다면 나만의 분류 만들 준비는 끝입니다.

DIY 지출 분류 만드는 방법

□ 기존 자료가 없는 사람

■ 기존 자료가 있는 사람

STEP 1

□ 기본 양식에 있는 분류 항목 중에서 내게는 필요 없는 항목을 걸러냅니다. 순서는 대분류에서 소분류로 진행하세요. 대분류가 뭉쳐 있는 경우(예 : 건강/문화), 나누는 것을 추천합니다.

■ 기존에 작성한 가계부 자료를 바탕으로 본인이 주로 소비하는 분류를 나열합니다. 대분류와 소분류는 일시적 · 단발성 소비보다 소비가 잦은 항목 위주로 정리하세요. 추후 지속적인 소비로 바뀌는 경우 추가해서 넣거나 빼도 되므로 처음부터 완벽하게 하려고 부담 가질 필요는 없습니다. 그리고 대분류, 소분류가 많아질수록 가계부 작성이 오히려 복잡할 수 있어요. 대분류는 전반적인 소비 패턴, 소분류는 자주 소비하는 부분, 습관 등을 체크하기 위한 것이므로 소비한 곳과 세세한 내용은 '사용처 및 내역' 칸을 이용합니다. 소분류로 잡을 수도 있습니다.

대분류	소분류	사용처 및 내역
식비	저녁	△△마트, 고구마, 라면, 우유

STEP 2

나에게 해당되는 대분류부터 나누고 소분류는 대분류를 보면서 연관 있는 것을 적습니다. 옆에 있는 기본 양식 분류나 마인드맵 샘플(파트 2 63쪽 참조)로 소개되어 있는 분류를 참고해도 좋아요. 예를 들어 대분류가 '식비'라면 소분류에는 '주식' '간식' '커피' '술' 등이 들어갈 수 있습니다. 각자 취향에 따라 '아침' '점심' '저녁' '야식' 등으로 구분해도 됩니다.

대분류	소분류
식비	주식, 간식, 커피, 술 등
식비	아침, 점심, 저녁, 야식, 친구랑, 모임 회식 등

STEP 3

공식적인 지출 분류 작업이 끝났으면 특별하게 넣고 싶은 본인만의 분류를 적어보세요. 예를 들어 '데이트' '대외 활동비' '성과카페' '혼먹(혼자 먹는 무언가)' '무지출 통장' '정기권' '특강/강연' 등이 있습니다.

STEP 4

표에 대분류와 소분류를 나누었으면 다시 한 번 마인드맵을 이용하여 정리해봅니다. 마인드맵을 그리다 보면 단어, 그림 등으로 간단하게 표시하면서 놓쳤던 부분을 찾을 수 있습니다. 마인드맵 역시 샘플 양식이 있지만 참고만 하고 본인의 상태를 기반으로 자유롭게 만드는 것을 권합니다.

STEP 5

나만의 분류는 보통 소비 패턴이 크게 변했을 때 전반적으로 수정하는 것이 좋습니다. 예를 들면 대학생에서 사회 초년생, 부모님과 함께 사는 것에서 자취 또는 기숙사, 싱글에서 결혼, 방학에서 개강, 휴학에서 복학 등이 있죠. 분류의 추가와 삭제는 틈틈이 해 분류를 담백하게 만드는 것이 좋습니다.

DIY 분류는 한 번에 내 것으로 만들기 힘들 수 있습니다. 가계부를 꾸준히 쓰면서 나에게 맞는 분류를 찾고 수정 또는 보완을 해야 해요. 나만의 분류를 만들면 나의 소비 패턴이나 성향에 맞는 금융 상품을 알아볼 수 있고 더 나아가 분류 피드백을 통해 생활 습관에도 긍정적인 변화가 생깁니다. 유의할 점은 동일한 물건 또는 서비스를 소비하더라도 사람마다 분류를 나누는 기준이 다르다는 점입니다. 다른 사람의 가계부는 참고만 하고 내 소비 성향에 집중하는 것이 중요해요. 더 많은 나만의 분류 가계부 참고 자료는 네이버 '재:시작 카페'에서 확인할 수 있습니다.

★ 네이버 재:시작 카페 cafe.naver.com/unistudentstory

대분류&소분류 내용 샘플

대분류	소분류
식비	점심, 저녁, 간식, 외식, 야식, 커피/음료, 술/유흥, 식재료, 배달, 친구랑, 성과카페, 쏜다 등
생활용품	잡화/소모품, 가구/가전, 주방/욕실, 택배/등기, IT기기, 문구 등
의복	의류, 패션 잡화, 액세서리, 가방, 신발, 세탁/수선 등
미용	헤어, 뷰티, 네일/패티, 왁싱 등
건강	병원, 약, 운동/레저 등
문화	문화생활, 여행, 경기 관람, 음악, 책, 전시회 관람 등
교육	인터넷 강의, 학원, 교재, 신문, 특강, 응시료, 등록금 등
육아	육아용품, 소모품, 병원 등
교통	선불/후불 교통카드, 정기권, 택시, 택시(지각), 기차, 시외버스 등
차량	주유, 통행료, 차량 유지비, 부속용품 등
경조사	축의금, 부의금, 선물, 경조사 등
회비	모임 회비, 후원, 데이트 등
주거	관리비, 공과금, 월세, 기숙사비 등
통신	휴대전화, 인터넷, 방송 수신료 등
금융	적금, 예금, 보험, 주식, 펀드, 목적 통장, 무지출 통장 등

★ 지출 대분류&소분류 정리표 – 파트 2 62쪽에서 작성하세요

처음 가계부 실전 사용법

「한 달 계획」 작성법

새로운 환경에 적응하기 위해서는 시간 관리나 구체적인 목표를 세우는 일부터 우선적으로 진행해야 합니다. 보통 신년 · 방학 · 여행 계획 등이 있을 때 목표를 많이 세우죠. 이때 체중 5kg 감량하기, 방학 동안 토익 900점 넘기 등 목표를 수치화하면 보다 자세하게 일정을 짤 수 있습니다. 예를 들어 여행 계획은 일정과 더불어 예산 계획이 중요하지만 평소 습관이 되어 있지 않아 머리도 아프고 힘들죠. 일시적이지만 신중하게 여행 예산을 짜는 이유는 한정된 시간과 돈으로 최대의 만족을 얻기 위해서입니다. 실생활비 예산도 여행 예산을 짜듯 접근해야 합니다. 더불어 궁극적으로 추구하고자 하는 재무 목표, 꿈 목록을 바탕으로 한 예산 계획이야말로 최고죠. 저 같은 경우 「한 달 계획」의 월간 달력을 이용해 계획과 목표를 되새기기도 하고, 간혹 일어나는 변동 수입을 적기도 합니다. 그래서 최근에는 활용도를 높이고자 칸을 살짝 나누어 사용해요. 미리 계획하는 것만으로도 쓰임새가 구체적이고 명확해지니까요. 또한 평소에는 장기 재무 목표와 꿈 목록이 막연하기 때문에 이를 작성하고 이뤄내는 것이 부담스러울 수 있는데, 가계부로 꾸준히 연습하면 꿈과 목표에 한걸음 가까이 다가갈 수 있습니다.

예산 계획을 세우는 이유

예산 계획을 짜는 것은 내게 주어진 한정된 자금을 보다 효율적으로 관리하기 위함입니다. 예산 작성이 결산을 내는 것보다 상대적으로 어려운 이유는 앞으로 내게 일어날 일을 예측해야 하기 때문이죠. 계획대로 정확하게 맞아 들어가면 좋겠지만 처음부터 그렇게 운이 좋기는 어렵습니다. 실패해도 계속 도전하면서 오차 범위를 줄여나갈 필요가 있어요.

힘들고 불편하지만 예산 계획을 세워야 하는 이유는 총 4가지입니다. 첫째, 불필요한 지출을 최소화할 수 있습니다. 알고 쓰는 지출은 미리 대비가 가능하지만, 모르고 쓰는 지출은 소비 패턴을 무너뜨립니다. 더불어 소비에 대한 만족도까지 떨어지고요. 둘째, 우선순위가 명확해집니다. 소비 계획을 통한 지출로 소비를 할 때 합리적인 선택을 하는 데 도움을 줍니다. 셋째, 균형 잡힌 돈 관리가 가능해집니다. 미리 대분류별로 금액을 계산하는 과정에서 한쪽에만 치우치지 않게 조절할 수 있어요. 예를 들어 예산 식비가 20만 원, 저축은 0원일 때 스스로 통제가 되면서 식비 10만 원, 문화생활비 5만 원, 저축 5만 원 등으로 동일한 20만 원에 대해 분류별로 나눠 지출을 계획할 수 있습니다. 넷째, 계획적인 삶을 살아갈 수 있습니다. 예산 작성을 위해서는 한 달간의 생활에 대해 대략적인 그림이 그려져야 합니다. 예산은 하루하루에 급급해서 살기보다 조금씩 미래를 대비할 수 있게 도와줍니다.

예산 작성법

예산 작성 방법은 지난달 지출 결산 자료가 있을 때와 없을 때로 나눠집니다. 본인 상황에 맞게 꼼꼼하게 첫 예산을 짜보세요.

✚ 지난달 결산 자료가 있을 때

첫째, 결산에서 나온 객관적인 자료를 바탕으로 낭비되는 부분을 체크해보세요.

굳이 낭비가 아니더라도 생각했던 것보다 소비 금액이나 빈도가 높으면 집중적으로 그 부분을 관리하는 것이 좋습니다. 예를 들어 제가 커피를 일주일에 3회, 한 달 12회 마셔서 총 6만 원 넘는 돈을 커피에만 지출했다고 해보죠. 만약 커피에 대한 지출을 줄이고 싶으면 일주일에 2회, 한 달에 8회, 총 4만 원 이하로 쓰겠다는 목표를 세우세요. 또한 평소 택시를 타지 않는데 지난달에 택시비가 6,000원이 나왔다면 이번 달은 다시 0원으로 만드는 목표를 세우는 겁니다.

수치화로 미션을 만드는 것과 더불어 낭비를 줄일 수 있는 방법을 함께 적어보는 걸 추천해요. 지금 당장 커피를 끊기 어렵다면 외출할 때 텀블러에 커피를 넣어 가는 것도 좋고요. 대체재를 찾아 커피 마시는 횟수를 줄이는 방법도 있습니다. 택시를 타지 않기 위해서도 약속 시간에 늦지 않게 미리 알람을 맞춰둔다거나 부지런히 일찍 준비하는 노력이 필요하겠죠. 결산에서는 불필요한 지출을 한눈에 확인할 수 있습니다.

둘째, 고정 지출과 반고정 지출을 예산에 적으세요.

고정 지출은 매달 정기적으로 소비되는 분류 지출로 교통비, 통신비, 저축, 신문 구독료, 관리비, 자동차세, 보험, 데이트 비용 등이 있습니다. 고정 지출을 예산으로 세울 때 대분류로만 계획할 것인지, 소분류까지 자세하게 작성할 것인지는 본인 성향에 맞게 고르면 됩니다. 우리는 지난달 결산으로 분류마다 대략적인 금액을 파악할 수 있습니다. 분류마다 예산 금액은 다르지만 특별

한 일정이 없다면 지난달 분류 결산과 비슷한 금액으로 설정하면 됩니다. 예산을 조금 더 쉽게 작성할 수 있는 방법은 총 3가지입니다. 첫째, 딱 맞게 금액을 설정하는 방법입니다. 이미 고정된 금액으로 이번 달에 변동이 없으면 바로 예산을 책정할 수 있죠. 보통 통신비, 신문 구독료, 지하철 정기권, 정기 금융 상품 등이 있습니다. 둘째, 여유 자금을 포함하여 금액 설정하는 방법입니다. 매번 조금씩 달라지는 금액 때문에 스트레스받기 싫다면 비상금을 넣어 계획을 세웁니다. 예를 들어 지하철 정기권뿐 아니라 선불 교통카드로 버스를 이용할 수 있다는 가능성을 열어두고 1만 원을 추가해 예산을 계획하는 것이죠. 데이트 비용도 지난달에 조금 빡빡했다면 살짝 여유롭게 예산을 책정할 수도 있습니다. 단, 여유 자금이 생겼다고 평소보다 과소비를 하는 건 바람직하지 않습니다. 셋째, 첫 번째와 두 번째 방법을 합칩니다. 느슨하지도 않으면서 얽매이지도 않는 방법으로 소비 분류마다 특색을 달리하여 지정하면 됩니다. 반고정 지출은 매달 고정적으로 지출하는 항목은 아니지만 이번 달에 꼭 해야 하는 필수 지출이예요. 가족 행사, 지인 경조사, 구매를 미룬 소비 항목 등 고정 지출 예산을 세우듯 금액과 결제일을 미리 적어보세요. 반고정 지출 계획은「한 달 계획」처음에 나오는 월간 달력을 활용해도 좋습니다. 그리고 이렇게 고정 지출과 저축, 반고정 지출까지 제외한 지출에 대한 예산이 변동 지출 계획에 해당합니다.

셋째, 결산을 기본으로 하여 대략적인 금액을 파악하세요.

예산 작성 초창기에는 금액이 딱 맞아 떨어지는 지출보다 어느 정도 여유 자금을 마련하는 것도 좋은 방법입니다. 예를 들어 지난달 식비가 6만 1,020원이었습니다. 하지만 얻어먹은 것에 보답도 해야 하고 약속 일정도 지난달보다 많을 것 같다면 이번 달은 9만 원으로 예산을 세우는 것이죠. 단, 예산을 그렇게 정한 이유가 명확하게 있어야 합니다. 한정된 자산을 생각 없이 쓴다면 예산 계획을 세우는 의미가 없어지기 때문이죠. 물론 딱 맞게 예산을 짜는 것도 좋지만 처음부터 예산이 너무 빡빡하면 예산 작성을 중간에 포기하는 지름길이 되더라고요. 또한 소득 감소가 예상된다면 반드시 예산에 반영해야 합니다. 수입은 줄었는데, 소비액이 그대로면 안 되니까요. 반면 소득 증가가 예상되면 들뜬 마음에 예산도 따라서 늘 수 있습니다. 소비를 늘리는 대신 저축을 늘리거나 빚이 있다면 갚는 방향으로 신중하게 예산 계획을 세우길 권합니다.

✚ 지난달 결산 자료가 없을 때

기본적인 자료가 없어 예산 짤 때 막막할 수 있습니다. 그래서 결산 자료가 있는 사람보다 집중과 노력이 필요합니다. 처음부터 완벽할 수 없다는 걸 인지하고 조금씩 예산을 짜보면서 오차를 줄이는 방향으로 나아가는 것이 중요합니다. 어림잡아 예산 계획을 세우되 일주일 결산 자료가 있다면 '일주일 결산 금액 × 4'를 하여 한 달 예산을 계획해봐도 괜찮습니다. 또한 평소 줄이고 싶은 부분이 있다면 체크하여 예산에 반영하세요.

✚ 예산 세우는 팁

첫째, 매월 발생하는 지출뿐 아니라 연간 · 계절적 지출도 고려해서 예산을 짜야 합니다.

저는 평소보다 5월과 12월을 많이 신경 씁니다. 5월은 가정의 달이기도 하고 스승의날, 생일 등 주변 사람들을 챙겨야 하는 날이 상대적으로 많아 자연스레 지출이 늘더라고요. 또한 12월은 연말 모임, 부모님 생신이 있어 5월 못지않게 지갑이 자주 열리죠. 그래서 5월과 12월은 특수 달로 분류하여 따로 관리하고 있습니다. 특수 달은 지난달 결산을 참고하되 작년 같은 달의 결산 내역을 예산 짤 때 반영해야 합니다. 예를 들면, 특수 달이 5월일 때 4월 결산과 작년 5월 결산 자료를 바탕으로 예산을 짜는 것이죠. 처음 예산을 계획할 때 큰 변동이 없을 거라고 생각해 지난달 결산을 기반으로 약간의 여유 자금을 포함했는데 완전히 어긋나고 말았습니다. 학생의 경우 학기 중과 방학에 큰 차이가 납니다. 소비 변화가 꽤 있는 편이니 그런 점을 고려해서 예산을 짜야 오차가 줄어듭니다. 한번은 방학 때 지출이 거의 없어 그 소비 패턴이 지속될 줄 알고 개강을 맞이했다 일주일 만에 예산이 바닥났던 적이 있었습니다. 취업 준비생 역시 취업 공고 시즌과 비시즌에 지출액 차이가 많으므로 조금만 신경을 써봅시다. 직장인은 휴가가 있는 달에 예산이 많이 어긋나는데, 1년 중에 휴가 때만 소비 폭이 커지는 게 부담스럽다면 휴가 목적 통장을 만들어보세요. 통장에 모인 잔액 중심으로 휴가 계획을 세우는 겁니다. 예를 들어 휴가를 위해 만든 적금 통장에 원금과 이자를 합쳐 133만 원 모였다면 133만 원 안에서 휴가 예산을 짭니다. 모은 돈으로 여행 갈 계획이라면 여행을 위한 가계부는 별도로 만드는 게 좋아요. 실생활 가계부와 합쳐지지 않아 명확하게 구분할 수 있거든요. 저는 매번 여행 갈 때 여행 가계부를 따로 만들어 예산과 결산을 기록해놓았습니다. 오로지 여행만을 위한 가계부라 관리하기 쉽더라고요.

둘째, 예산 수립 후 분류별 계획을 세우세요.

예산 짤 때 예상 금액만 적지 말고 왜 이 정도 금액이 나왔는지 미리 소비할 항목을 계획 칸에 적어봅니다. 금액, 항목이 구체적일수록 꼼꼼하게 통제할 수 있습니다. 고정 지출 예산에서 변동 지출 예산으로 내려가면 훨씬 더 작성하기 수월합니다.

대분류	예산	고정 지출 계획	날짜	결제 수단
교통	90,400원	정기권 80,400원 선불카드 10,000원	1일	현금 (현금영수증)

대분류	예산	변동 지출 계획
미용	30,000원	◇◇ BB쿠션, 아이라이너는 다 쓰고 구매하자.

셋째, 일주일에 한 번은 예산과 실지출을 비교해보세요. 「일주일 마무리」 양식의 대분류에서 남은 예산을 확인할 수 있습니다. 불편하지만 지속적으로 비교하면 앞으로 남은 날을 어떻게 소비하고 불필요한 부분을 줄일지 방향을 잡을 수 있습니다.

「하루 가계부」 작성법

가계부의 첫 걸음이자 매일 접하게 되는 「하루 가계부」. 「하루 가계부」를 제대로 작성해야 일주일, 한 달, 1년을 정리하고 계획할 수 있습니다. 「하루 가계부」는 소비 습관을 바꿔주고 더 나아가 하루의 시작과 끝을 정리해주는 역할을 합니다. 또한 일반 가계부와 달리 소비의 '대분류' '소분류'를 정하며 소비 패턴과 습관을 파악하는 것은 물론 나에게 맞는 금융 상품을 선택할 수 있는 자료를 제공해주지요. 지출한 것에 대한 객관적 또는 주관적인 느낌을 적으며 소비에 대해 다시 한 번 되돌아볼 수 있습니다.

소비 계획이란?

'소비를 할 때도 계획을 쓰라고?' 가계부는 소비 후 기록한다는 것에 익숙한 사람이라면 소비 계획을 세우는 게 낯설게 느껴질 수 있습니다. 만약 가계부를 열심히 쓰고 있는데도 소비 측면에서 크게 변하는 게 없고 매일 소비 금액으로 돈 관리를 평가하기 어렵다면 소비 계획을 고려해보세요. 우리는 매일 소비를 유혹하는 현실에 휘둘리고 있습니다. 저 역시 무심코 돈을 쓸 때가 있었습니다. 그 당시는 정말 필요하다고 생각해서 샀지만 며칠만 지나면 어디에 놔뒀는지 기억조차 못 하는 물건들이 늘어나기 시작했어요. 마음이 풍요로워지기는커녕 지갑과 통장 잔고는 점점 비어가는데도 또 다른 무언가를 소비하려고 시도하고 있는 저를 발견하게 됐죠. 되돌아보면 혹해서 샀던 물건이나 서비스는 결제하는 순간에 희열과 만족을 줄 뿐이었어요.

그렇다고 평생 돈을 안 쓰고 살 수는 없습니다. 요즘에는 잘 버는 것도 중요하지만 잘 쓰는 것이 더 중요해지고 있어요. 그렇다면 잘 쓴다는 말은 무엇일까요? 스스로 소비한 무언가에 큰 만족감을 얻는 것입니다. 만족감을 얻기 위해서는 꼭 필요한 것에 돈을 써야겠죠. 하지만 이렇게 다짐을

하루 일정
- 친구 생일 - 강남 약속 (친구) - 적금 10만 원 자동이체

소비 계획
☐ 친구 생일 선물, 15,900원 ☐ 저녁 친구 만남, 20,000원 ☐ △△적금 (3/12), 100,000원

해놓고서도 지갑이 자동문처럼 열린다면 하루를 시작하기 전에 일정을 짜듯 오늘 첫 소비를 하기 전에 미리 어떤 소비를 할지 계획을 세워봅니다. 고정 지출이 빠지는 날이면 소비 계획에 따로 표시해두고 정상적으로 처리되었는지 확인하는 용도로 활용하면 됩니다.

소비 계획은 하루 계획과 연결되기 때문에 하루 일정이 대략적으로 그려져 있지 않으면 작성하기 어려울 수 있어요. 하지만 처음부터 완벽하게 하려고 애쓰지는 마세요. 저는 다음 날 일정을 매일 확인하는데도 한 달 넘게 소비 계획과 실제 소비가 달랐고 아직도 어긋날 때가 많습니다. 그런데 소비 계획에 성공하지 못했다고 해서 좌절하지는 않아요. 이런 과정은 오히려 저를 되돌아보는 계기가 돼주기 때문이죠. 처음 소비 계획을 시작할 때는 무작정 제 자신을 관대하게 평가하고 일정을 고려하지 않은 채 무리하게 소비 계획을 세우는 경우도 많았죠. 예를 들면 무지출이 가능하지 않은 일정에서 막연하게 무지출을 하겠다고 결심하는 것처럼요. 물론 스트레스를 받기도 했지만 실패를 하고 개선하는 과정을 반복하면서 제가 갖고 있는 습관, 소비할 때 마음가짐과 행동이 보이기 시작했습니다.

소비 계획을 세우면 생기는 긍정적 효과

'소비 계획을 세우면 지출에 변화가 있을까?' 처음 소비 계획을 작성했을 때는 기대감보다 의구심이 더 컸습니다. 갑작스러운 변동 지출이 평소에도 많았기 때문이죠. 하지만 계획을 세우니 나에게 일어나는 변동 지출은 조금만 노력하고 집중하면 충분히 통제할 수 있게 되었습니다. 고정 지출은 미리 표시해두고 해당 날짜에 자동이체가 잘 처리되었는지 확인만 해주면 끝!

소비 계획을 세우는 것은 사고 싶은 게 있더라도 참고 소비하지 않기 위한 목적이 아닙니다. 소비 계획은 소비할 무언가가 생겼을 때 충동적으로 구매하기보다 계획한 소비 목록과 예산 안에서 소비할 수 있도록 도와주는 역할을 합니다. 갖고 싶은 것이 생겼을 때 즉시 구매하지 않고 가격, 상품, 판매처 등을 알아보면서 하루 이틀 정도 미뤄보는 것이죠. 그 기간 동안 정말 본인에게 필요한 물건인지 냉정하게 생각해볼 수 있습니다.

소비 계획 쓰는 법

소비 계획은 오늘 가계부 작성이 끝난 상태에서 내일의 소비 일정을 고려해 세워야 합니다. 해당 날짜마다 하룻밤 먼저 작성하게 되는 셈이지요. 보통 소비 계획을 짜기 어려운 이유는 일정을 미리 짜지 않고 그때그때 상황에 따라 소비하는 빈도가 높기 때문이에요. 만약 가계부 마감 때 너무 피곤해 도저히 계획 세우기가 힘들다면 아침에 일어나 소비를 시작하기 전에 작성해도 좋습니다. 단, 그날 오후 이미 소비가 발생한 상태에서 과거형으로 소비 계획을 적는 건 의미가 없습니다.

1 다음 날 시간 계획을 세우고 소비해야 할 일정이 있다면 항목과 필요한 금액을 예상해봅니다. 「한 달 계획」을 참고해 고정 지출 여부를 다시 한 번 확인합니다.

2 정확한 금액을 모른다면 어림잡은 금액을 써도 됩니다.

예 점심 7,000원, 카페 5,000원

3 소비할 내역과 금액을 체크 박스 옆에 적습니다. 뭉뚱그리지 말고 가급적 구체적으로 쓰세요.

예 10,000원 (X)

식비 10,000원 (△)

점심 4,000원, 저녁 6,000원 (O)

4 일정 도중 돌발 상황이 생겨 소비 계획에서 금액이 초과될 것 같거나 정확한 하루 일정이 나오지 않아 즉흥 소비가 있을 것 같다면 혹시 모를 일에 대비하여 비상금을 넣어봅시다. 단, 비상금을 추가로 소비할 수 있는 여유 자금이라고 생각하면 안 됩니다. 비상금은 말 그대로 비상시에 써야 할 금액입니다.

☒ 카페 5,000원

☐ 생필품 7,000원

☐ 비상금(점심용) 5,000원

5 「하루 가계부」를 작성할 때 소비 계획 달성 여부를 체크하세요. 필요 소비였지만 부득이하게 못 했다면 다음 소비 계획 때 다시 한 번 적습니다.

☐ 생필품 7,000원 → ☐ 생필품 7,000원

6 당일에 소비 계획에 없던 소비가 생기면 소비 계획 칸에 추가 작성을 하지 말고 「하루 가계부」에 씁니다.

지출

대분류는 내가 지출한 돈이 어떻게 쓰였는지 알 수 있는 대표 기본 항목으로 식비, 교통, 통신, 의복, 미용, 교육 등으로 나눌 수 있습니다(자세한 분류 소개는 35쪽 참조). 「하루 가계부」만 봤을 때는 분류 설정 효과가 미미할 수 있지만 자료가 쌓이면 대분류만 봐도 평소 어떤 항목에서 소비 빈도가 높은지 객관적으로 소비 흐름을 파악할 수 있습니다. 예를 들어 일주일 소비 결산을 할 때 항목 중에서 '식비'와 '교통' 대분류 비중이 상대적으로 높으면 '잘 먹고 잘 돌아다녔음'을 알 수 있죠. 더 나아가 '이번 주에는 문화생활 비중을 늘려야겠다.' '혼자 먹는 간식을 줄여서 식비를 낮춰야겠다.' 등 소비 피드백을 통해 스스로 소비의 방향을 계획하여 같은 돈을 쓰더라도 보다 잘 쓸 수 있도록 제시해줍니다.

소분류는 대분류 하위 항목으로 습관적 지출을 확인할 수 있습니다. 대분류와 내역을 연결해주는 역할을 하는 「하루 가계부」 키포인트입니다. 식비 대분류에 점심, 간식, 커피, 술 등 소분류가 있죠. 예를 들어 오늘 커피를 마셨으면 대분류에 '식비', 소분류는 '친구와 함께' '혼자 마신 커피' 또는 '커피/음료'라고 본인이 생각하는 기준에 따라 분류를 합니다. 당시 소비 상황이 어땠는지 가계부를 쓰면서 자연스레 정리할 수 있어요. 소비 내역만 쓰면 객관적인 자료가 부족하고 가계부를 작성해도 소비에 큰 변화가 없습니다. 그러나 대분류와 소분류를 지정함으로써 소비를 줄이거나 늘려야 할 항목을 쉽게 파악할 수 있습니다. 대분류와 소분류는 본인의 소비 패턴에 맞게 수정 및 추가도 가능해요.

사용처 및 내역을 통해 자주 소비하는 브랜드와 소비 항목을 확인할 수 있습니다. 커피 마실 때 특정 카페를 자주 간다면 그곳에서 사용 가능한 포인트나 쿠폰을 찾아볼 수 있고 관련 금융 상품을 이용하여 혜택을 받을 수도 있어요. 내역에 음식명, 화장품 종류, 영화 및 책 제목 등 좀 더 구체적인 정보를 적으면 다이어리로도 활용이 가능합니다.

결제 수단은 어떤 방식으로 지불했는지 표시합니다. 카드, 현금, 계좌이체, 저축, 쿠폰, 포인트, 기프티콘, 상품권 등 다양한 결제 수단을 적어보세요.

금액은 결제 수단을 이용하여 지불한 최종 금액입니다. 무료 음료 쿠폰 혜택을 받아 이용했다면 금액에는 0원, 혜택과 결제 수단 칸에 따로 '무료 음료 쿠폰'이라고 기록하세요.

총지출은 오늘 지출 금액의 합계를 쓰면 됩니다.

혜택 / 낭비 작성한 지출을 바탕으로 이용하고 받았던 혜택, 낭비였던 소비를 따로 기록해봅니다. 혜택은 동일한 물건이나 서비스를 조금 더 저렴하게 구입할 수 있음을 보여줍니다. 주의할 점은 구매 가격에서 카드나 쿠폰, 포인트 등을 이용하여 추가로 할인받은 금액을 기록해야 한다는 점입니다.

예를 들어 소셜 커머스에서 정상가 10만 원인 상품을 할인하여 5만 원에 판다고 가정해보죠. 이때 혜택 부분에 이미 할인된 5만 원을 적는 것이 아니라 5만 원짜리 상품을 적립금 1만 원을 사용하여 4만 원에 샀다면 혜택에 '적립금(10,000원)'을 작성하는 것입니다. 낭비는 수수료, 연체료, 과태료, 벌금, 혹해서 구매한 것 등 불필요한 지출을 적습니다. 또한 챙길 수 있는 혜택을 놓친 것도 기록해놓으세요. 예를 들어 A카드를 이용하면 20% 할인을 받는데, 깜빡하고 다른 카드로 결제한 경우 말입니다. 낭비는 개인마다 정의를 내리는 기준이 다르므로 다른 사람의 기준을 따르기보다는 본인이 생각했을 때 아쉬운 소비를 정해보는 것이 중요합니다. 소비 당일에는 모두 잘한 소비라고 생각될 수 있으니 1~2일 지난 후에 다시 낭비 피드백을 해보는 것이 좋아요. 피드백을 확실하게 해두면 다음에 비슷한 소비가 생길 때 대처할 수 있는 자료가 됩니다. 혜택을 늘리고 낭비를 줄이도록 노력해야겠죠?

카드 사용액 결제 수단에 있는 카드가 내 소비와 직접적인 연관이 있는 자료라면, 카드 사용액은 오롯이 내가 소비한 것뿐 아니라 대신 결제한 금액도 포함되기 때문에 총지출과 달라질 수 있습니다. 카드 사용액이 하루, 일주일, 한 달로 누적되면 따로 실적 어플이나 은행 · 카드 어플을 이용하지 않고도 확인할 수 있는 자료로 활용됩니다.

결제 수단 현금, 카드, 저축, 기타 총 4가지 방법으로 구분해놓았습니다. 현금 종류는 지폐, 계좌이체, 무통장 입금 등이 있고 카드는 체크카드, 신용카드로 나눌 수 있습니다. 체크카드와 신용카드를 둘 다 사용한다면 카드 칸을 한 번 더 나눠 각각 작성하면 됩니다. 저축은 고정 저축 외 미션 통장, 목적 통장, 푼 · 공돈 통장 등 실생활 저축 또는 투자를 하고 난 후 기록합니다. 기타는 상품권, 포인트, 쿠폰, 기프티콘, 선불카드, 상품권 등 현금과 카드 외 결제 수단을 적습니다. 고정 지출도 따로 적어도 좋습니다. 작성할 때는 결제 수단과 금액을 함께 적으면 나중에 결산할 때 편리합니다.

기타
포인트 (5,000점), 무료 음료 쿠폰 (5,100원), △△적금 (100,000원)

칭찬 / 반성 다른 가계부와 차별화된 또 다른 양식은 바로 '칭찬/반성' 피드백 부분입니다. 지출 칸에 객관적인 지출을 기록했다면 피드백에는 소비에 대한 주관적인 생각을 작성합니다. 각 소비마다 내 생각을 칭찬, 반성으로 나눠 짧게라도 피드백을 적습니다. 글로 정리하면서 스스로 되돌아보게 되고, 이런 습관은 다음 소비에 긍정적인 영향을 미치게 됩니다.

「하루 가계부」 유지하는 방법

습관 잡히기 전까지는?

- 나만의 가계부 작성 시간을 만들어보세요. 하루를 마감하는 시간을 이용하여 오늘을 정리하고 내일을 계획해보세요. 매일 일정한 시간을 가계부 작성 시간으로 지정해놓는 것이죠. 저는 오후 11시 30분부터 15분을 투자하여 가계부를 작성합니다.
- 매번 가계부 쓰는 걸 잊는다면 알람을 맞춰두세요. 저도 매번 잊어버리고 다음 날에 쓰는 걸 반복했지만, 알람의 도움으로 가계부 쓰는 습관을 들일 수 있었어요. 알람이 울리면 모든 걸 멈추고 가계부에 집중하는 과정을 거치다 보면 금방 가계부 쓰기 습관이 자리 잡습니다.
- 혼자 쓰는 것이 힘들다면 네이버 '재:시작 카페'에 들어가 가계부 인증을 해보세요. 돈 관리를 잘하고 싶은 회원들과 서로 응원도 하고 소비에 대한 조언, 꿀팁도 얻을 수 있습니다.

슬럼프가 온다면?

무리해서 꾸역꾸역 가계부를 쓰지 마세요. 오히려 슬럼프가 길어질 수 있습니다. 잠시 멈추고 '재:시작 카페'에서 다른 회원들의 가계부를 보고 피드백 댓글을 달기도 하면서 긍정적 기운을 받아보세요. 저 역시 슬럼프가 올 때 무작정 가계부를 쓰기보다 다른 회원들의 가계부를 보며 힐링의 시간을 갖는답니다. 처음에는 50일 정도 지나면 슬럼프가 오곤 했는데 1년이 지나니까 슬럼프가 더디게 오고 회복 기간도 빨라져요.

「하루 가계부」 효과

나만의 습관, 징크스를 파악할 수 있어요.

눈에 보이는 불필요한 지출을 조금씩 줄여나갈 수 있습니다. 화장품 숍의 1+1 행사나 세일을 그냥 지나치지 못하고 지갑이 열릴 때, 소비 계획에 있었다면 칭찬 소비겠지만 소비 계획에 없는 충동 소비였다면 반성 소비가 되겠죠. 또한 늦잠 자서 매번 택시를 탈 때가 있는데 나중에 가계부에 택시 적힌 소비 기록을 보면 무시할 수 없는 금액임을 실감하게 됩니다. 무심코 사 먹는 길거리 음식이나 커피도 마찬가지입니다. 아프거나 우울할 때 스트레스를 풀기 위해 평소보다 식비나 미용 관련 비용을 많이 쓰는 사람들도 있습니다. 가끔씩 발생하는 소비라면 크게 문제가 되진 않지만 심리 상태에 따라 매번 반복되는 소비 습관이라면 재정을 위협할 수 있겠죠. 이 역시 가계부 피드백을 이용하여 해결 방안을 생각해보며 긍정적인 방향을 모색할 수 있습니다. 나쁜 소비 습관이 있다면 가계부를 통해 충분히 고칠 수 있습니다.

충동 소비, 과소비가 줄어듭니다.

소비 계획은 원하는 소비보다 필요 소비에 집중할 수 있도록 도와줍니다. 미리 필요 소비를 파악하므로 소비 예산 안에서 소비할 수 있습니다. 또한 필요 소비를 위해 평소 불필요한 지출을 줄이게 되면서 갖고 있는 물건을 잘 사용하고자 노력하게 돼요.

소비 기록으로 하루를 되돌아볼 수 있습니다.

오늘 소비가 만족스러웠다면 칭찬을 통해 소비에 대한 자신감과 만족감을 얻을 수 있습니다. 만약 불필요한 소비가 있었다면 반성 피드백으로 추후 비슷한 상황에서 현명하게 대처하게 됨으로써 돈 관리에 있어서 한 단계 성장할 수 있어요. 돈을 안 쓰는 것이 마냥 좋은 게 아니라 잘 쓰는 것이 소비 생활의 질을 높여준다는 것을「하루 가계부」에서 느낄 수 있습니다.

「일주일 마무리」 작성법

대개의 가계부에서는 하루와 한 달 가계부를 집중적으로 다루는 반면, 일주일 가계부는 정말 간단하게 기록하게 되어 있는 경우가 많습니다. 하지만 일주일 가계부는 이번 주와 다음 주를 연결해주는 중요한 다리 역할을 하기에 가계부 양식 중에서 놓칠 수 없는 부분입니다. 자칫 소홀해질 수 있는 요소들을 중간 점검 함으로써 단기 재정이 아닌 장기 재정까지 잘 운용해나갈 수 있게 도와줍니다.

정말 가계부를 쓰기 힘든 상황이라면 일주일 가계부 작성 습관으로 재정 흐름을 파악해보는 것도 좋습니다. 대부분「하루 가계부」를 통해 한 달 가계부까지 결과물을 얻기는 어려워요. 하루하루 열심히 쓰지만 30일 자료를 다시 되돌아볼 때 시간도 오래 걸리고 정리하기 막막하다고 생각하죠. 그러나 일주일 가계부를 제대로 작성하면 일주일 가계부 4장(4주 한 달 기준)만 봐도 많은 시간을 투자하지 않고도 이번 주를 정리하고 다음 주를 계획할 수 있습니다.

「일주일 마무리」 소개

분류별 분석은 일주일 동안 소비한 항목을 종합해보는 공간입니다. 대분류에 해당하는 일주일 소비 금액과 지난주 소비 금액을 적고 증감 표시로 2주간 소비 금액을 비교할 수 있습니다. 한 달 예산에서 이번 주까지 소비한 금액을 뺀 나머지를 확인하여 앞으로 남은 기간 동안 예산 잔액 내에서 어떻게 돈을 써야 할지 생각해볼 수 있어요. 피드백 칸에는 작성한 금액을 바탕으로 소비에 대한 주관적인 의견을 적습니다. 지난주 소비와 비교한 내용을 담아도 좋아요. 화살표 칸은 지난주보다 금액이 많으면 빨간색으로 '↑', 줄었으면 파란색으로 '↓', 동일하면 검정색으로 '='을 표시합니다.

대분류	금액	지난주	↑↓	예산 잔액	피드백
식비	69,100원	10,000원	↑	30,100원	생각 없이 썼다. 반성! 혼자 먹는 것 줄이기!!

합계는 이번 주, 지난주 총소비 금액으로 한 주를 되돌아보며 간단하게 정리하는 공간입니다.
혜택/낭비는 일주일 가계부를 보며 소비에 대한 혜택과 낭비를 다시 한 번 체크하는 공간입니다. 다음 주는 어떻게 혜택을 늘리고 낭비를 줄일지 다짐해보세요. 같은 물건, 서비스를 소비해도 혜택받는 부분은 개개인마다 달라질 수 있어 소비할 때 한 번 더 찾아보게 됩니다. 낭비는 대처법을 적어보면서 다음에 비슷한 상황이 왔을 때 실수를 반복하는 걸 막아줍니다.

혜택	쿠폰 적립, 이벤트 참여로 선물 받음(음료수), ○○pay 20% 캐시백
낭비	△△ 20% 할인 놓침, 함께 기상하는 프로젝트 1회 실패
피드백	정신 못 차리는 거 티남!! 습관으로 만들자. 푼돈을 소중히 하자.

결제 수단별 총지출액은 일주일간 이용했던 결제 수단에 대한 총합계를 분류에 맞게 정리하는 공간입니다.
카드 사용액은 「하루 가계부」 자료를 바탕으로 현재까지 사용한 일주일 카드 금액을 정리하는 공간입니다. 예를 들어 A카드의 전월 실적이 30만 원이고, 1월 15일까지 지출한 카드 금액이 20만 원이라면 남은 16일 동안 A카드로 10만 원 더 소비하면 실적 금액을 충족시키므로 다음 달에 카드 혜택을 받을 수 있다는 계산이 됩니다.
이번 주 마무리 및 다음 주 소비 계획은 일주일을 되돌아보며 소비 및 전반적인 생활을 정리해보는 공간입니다. 스스로에게 보내는 응원의 메시지, 다음 주를 맞이하는 다짐 등을 남겨보세요.

또한 다음 주에 예정 되어 있는 필요 소비, 원함 소비, 고정 지출, 이번 주에 못했던 소비 등의 항목과 금액까지도 미리 찬찬히 생각해볼 수 있습니다. 만약 지출해야 하는 날짜가 있다면 그날의 「하루 가계부」 소비 계획 칸에 미리 적어두세요.

「일주일 마무리」 쓰는 법

1 「하루 가계부」를 보며 대분류와 총금액을 적습니다. 지난주 소비 금액은 지난 일주일 가계부를 참고하여 적되 자료가 없다면 빈칸으로 놔둡니다. 예산 잔액에는 한 달 예산에서 해당 대분류 예산을 확인하고 이번 주 지출 금액을 빼면 남은 기간 동안 소비 가능한 분류별 예산을 체크할 수 있습니다.

2 소비했던 분류에는 간단하게라도 피드백을 남겨보세요. (한 달 결산 시 도움이 됩니다.)

3 혜택, 낭비를 정리해보면서 효율적이고 현명한 소비에 대해 생각해봅시다. 낭비가 있었다면 다음 주에는 되풀이되지 않도록 해결 방안을 모색하는 것도 좋겠죠.

4 각 결제 수단별로 총금액을 계산하세요. 기타 결제 수단에는 금액까지 표시해두면 한 달 결산할 때 편합니다.

5 카드 종류별로 사용액을 적습니다.

6 다음 주에 있을 일정 체크와 함께 놓치면 안 되는 소비를 미리 적고 챙기세요.

7 이번 일주일을 되돌아보며 느낀 점과 다음 주 다짐을 적습니다.

「일주일 마무리」 유지 방법

가계부 작성 시간을 정하세요.

「일주일 마무리」는 「하루 가계부」와 달리 일주일에 딱 한 번 정리하는 것이므로 정확하게 작성 시간을 정해놓는 것이 좋습니다. 시간 날 때 쓴다는 생각을 하면 실행에 옮길 확률이 낮아집니다. '일요일 오후 11시 또는 월요일 아침 6시'처럼 재정을 위해 투자할 수 있는 시간을 생각해보세요. 작성 시간을 정했지만 습관이 되지 않아 자꾸 잊어버린다면 알람을 맞춰 실행하면 됩니다. 가계부 쓰는 데 걸리는 시간은 개개인마다 다릅니다. 처음에는 가계부 자체가 낯설어 오래 걸릴 수 있지만 꾸준히 쓰다 보면 얼마든지 시간을 단축할 수 있어요. 보통 10~15분 정도 걸립니다.

일주일을 건너뛰면 한 달이 힘들어요.

'주말인데 조금만 쉬면 안 될까?' '월요일 아침부터 쓰기 귀찮은데….' 등 변명으로 잠깐의 달콤한 휴식을 선택하고 싶은 마음이 굴뚝 같을 거예요. 한 달에 한두 번 「일주일 마무리」를 건너뛰게 되면 빈 구멍이 자꾸 생기게 되겠죠. 자연스레 가계부 자료도 줄어들기 때문에 나중에 한 달 결산을 하는 시간도 오래 걸리고 결국 이번 달 가계부는 흐지부지될 가능성이 높습니다. 꾸준히 한다는 것은 어려운 일입니다. 변명은 이제 그만! 동기부여가 필요하다면 네이버 '재:시작 카페'에 회원들이 올려놓은 자료들을 참고해보세요.

「일주일 마무리」 효과

소비에 대한 삶의 질이 높아져요.

「하루 가계부」에서는 눈에 띄지 않던 분류들이 하나로 모이면서 어떤 소비에 집중하고 소홀했는지 확인 가능합니다. 일주일을 되돌아보며 아쉬웠던 부분을 보완하고 다음 주 계획을 미리 세울 수 있습니다. 돈을 마냥 안 쓰고 아끼거나 생각 없이 쓰는 것도 습관이 됩니다. 한정된 돈을 내게 꼭 필요한 항목에 소비하는 연습을 할 필요가 있어요. 일주일에 한 번, 피드백을 함으로써 보다 균형적인 삶과 소비가 가능해집니다.

하루 – 일주일 – 한 달 선순환

「일주일 마무리」는 하루와 한 달 가계부를 이어주는 역할을 하며 계속해서 가계부를 작성하도록 선순환 구조를 만들어줍니다. 또한 이번 주에 낭비 항목이 있었다면 수치를 이용하여 다음 주 소비 계획에 반영하면 됩니다. 예를 들어 습관적으로 마신 커피가 일주일에 4회였다면, 다음 주에는 3회로 줄이고, 미션 달성하듯 실천 계획을 세워보는 것도 좋습니다. 한 달 가계부 작성이 막막하다고 느껴질 때는 일주일 가계부 자료를 바탕으로 보다 쉽게 접근할 수 있어요. 쉼 없이 달리는 것보다 일주일에 한 번씩 재점검을 하는 것이 효과적이랍니다.

낭비 습관을 개선할 수 있어요.

소비한 즉시 낭비라고 느끼긴 어려워요. 2~3일 정도 지난 후 가계부를 되돌아봤을 때 불편한 지출 내역을 발견하게 되죠. 당일에 가계부를 쓸 때는 '더웠으니까' '피곤했으니까' '갑자기 비가 왔으니까' 등 변명을 할 수 있어요. 그러므로 「하루 가계부」에서 놓친 부분을 「일주일 마무리」를 쓸 때 다시 한 번 되돌아보며 보다 객관적으로 낭비 내역을 체크해보세요. 낭비라고 생각한 소비는 다음 주에 어떻게 개선할지 적어보고 행동에 옮기는 것이 중요합니다.

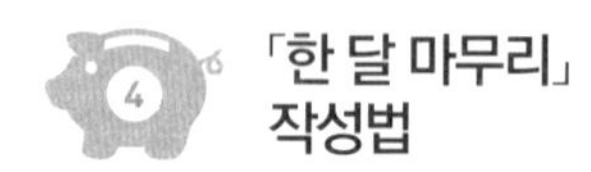

「한 달 마무리」 작성법

하루 · 일주일 가계부를 바탕으로 한 달을 정리하는 것은 물론 장기적으로 소비 관리를 할 수 있게 도와주는 한 달 마무리용 가계부입니다. 한 달 결산을 바탕으로 고정 지출과 변동 지출에서 줄일 수 있는 부분을 체크하며 보다 담백한 소비를 할 수 있죠. 또한 이벤트 및 계절성 지출(명절, 휴가, 경조사, 의류, 생활용품 등 계절이 바뀌면 소비하게 되는 항목 등)도 반영되기 때문에 특수 상황을 고려해 계획을 세울 때도 참고 자료로 활용할 수 있습니다. 결산 자료가 탄탄해야 예산 계획 세우기도 수월합니다. 지난 한 달을 되돌아보며 어떤 지출 항목 중심으로 살았는지 살펴보고 잘했던 소비는 칭찬해 주세요. 반면 과하거나 부족한 부분은 다음 달에 어떻게 개선할지 스스로 방안을 제시해보세요. 한 달 가계부가 하나둘 쌓이면서 돈 관리에 대한 자신감도 쌓입니다.

「한 달 마무리」는 「하루 가계부」와 달리 매일 작성하는 게 아니라서 한 번 놓치면 흐지부지되기 쉽습니다. 간혹 한 해가 다 가도록 「한 달 마무리」 양식에 적응 못 하기도 해요. 물론 시작도 중요합니다. 그보다 끝마무리를 제대로 하는 게 더 중요하죠. 이제는 「하루 가계부」만 쓰고 중도에 포기하지 말고 「한 달 마무리」를 정리하는 경험을 해보세요. 월말 또는 월초에 최대 1시간 정도 한 달 결산에 투자해봅시다. 처음은 익숙하지 않아 작성하는 데 오래 걸릴 수 있습니다. 하지만 꾸준히 써보고 나만의 결산 순서를 만든다면 금방 마무리를 지을 수 있는 게 한 달 가계부의 매력이죠. 저는 일주일 가계부로만 한 달 결산을 작성해 20~30분 안에 결산이 끝납니다.

「한 달 마무리」 쓰는 법

1 한 달 예산으로 세웠던 고정 지출과 변동 지출의 대분류 및 예산을 결산 양식에 다시 옮겨 적습니다. 예산 세울 때 함께 결산 양식에도 미리 작성해놓는 것을 추천합니다. 미루다 보면 나중에 귀찮더라고요.

2 「하루 가계부」로 한 달을 정리해도 되지만 시간이 오래 걸리고 계산 실수도 많아집니다. 처음 가계부를 제대로 작성하기만 했다면 「일주일 마무리」 자료만으로도 결산이 가능해요. 각 대분류에 해당하는 소비 금액을 합산하여 결산 금액에 옮겨 적으면 끝! 매달 마지막 주(4~5주차) 대분류 결산 잔액을 이용하면 훨씬 시간이 단축됩니다. 그러기 위해서는 평소 「일주일 마무리」를 꼼꼼하게 작성해야겠지요.

3 결산과 예산 합계를 내고 분류마다 비교하여 증감 표시를 합니다.
(예산보다 금액이 초과했으면 빨간색으로 ↑, 남았으면 파란색으로 ↓, 동일하면 검은색으로 =)

대분류	결산	예산	↑↓
식비	94,520원	100,000원	↓

4 고정 지출 및 변동 지출 피드백 부분은 한 달을 되돌아보며 소비, 지출에 대해 정리하는 공간입니다. 결산과 예산을 비교하여 잘한 점, 아쉬운 점을 솔직하게 적어보는 게 「한 달 마무리」의 포인트!

피드백
친구들을 만나서 자연스레 지출은 증가했지만 혼자 먹는 간식이 없어 예산보다 적게 나와 기분 좋다.

5 수입, 지출 그리고 현금, 카드, 저축(고정 & 변동), 기타 결제 수단을 총정리하세요. 「일주일 마무리」만으로도 계산이 가능하다는 거 아시죠?

6 혜택, 낭비도 간략하게 정리하는 시간을 가지면서 낭비 부분은 다음 달에 어떤 방법으로 개선할지 생각해보세요.

7 카드 사용액은 이번 달에 사용한 카드 종류와 결제한 금액을 작성하면서 전월 실적을 확인 할 수 있습니다. 이 역시 일주일 가계부를 이용하면 정리 시간을 단축할 수 있습니다.

8 이번 달 마무리 및 꿈 목록 체크 부분에는 한 달 결산에 대한 피드백을 남겨주세요. 칭찬과 반성은 다음 달 예산을 세우는 데 도움이 됩니다. 또한 꿈 목록 진행 상황을 체크하는 시간을 통해 꿈과 현실이 동떨어지지 않도록 주기적으로 스스로를 점검하세요.

긍정적 효과 「한 달 마무리」 역시 「하루 가계부」처럼 피드백과 계획으로 예측 가능한 소비 생활을 할 수 있게 도와줍니다. 평소 재무 목표나 꿈 목록을 작성하는 게 어렵거나 막연하게 느껴졌나요? 아직 계획 세우는 습관이 배지 않아서 그런 것이니 크게 걱정하지 않아도 됩니다. 하지만 절대 포기는 금물. 한 달 자료로 과거를 되돌아보고 미래를 계획하는 것은 무방비 상태일 때보다 훨씬 쉽습니다. 또한 실생활 지출 반영으로 다음 달을 세밀하게 예측해볼 수 있어 오차 범위도 서서히 줄어들게 되죠.

월간 결산은 한 달을 넘어 연간 계획을 위한 자료로도 쓰입니다. 1년이라는 기간 동안 이벤트 및 계절성 지출이 곳곳에 있습니다. 가계부를 꼼꼼하게 작성하더라도 어느 순간 무너지는 건 이러한 지출들을 대비하지 못한 채 하루하루를 맞이하기 때문이에요. 가계부는 한 달, 단기로 끝내는 것이 아니라 계속 맞물려서 이어나가야 합니다. 예를 들어 2017년 5월, 경조사 지출 예산을 적게 책정해 생각했던 금액보다 많이 벗어났다는 가정을 해봅시다. 이때 경험을 바탕으로 2018년 5월은 2018년 4월 결산과 2017년 5월 결산 자료를 참고해 예산을 세우는 것이죠. 한 달 가계부를 지금 당장 소비를 줄이기 위해 활용해도 좋지만 내년에도 도움이 될 수 있게 활용하는 걸 추천해요.

「한 달 마무리」 유지하는 방법

습관이 잡히기 전까지는?

월간 결산은 하루 · 일주일 가계부와 다르게 한 달에 한 번만 작성하므로 손에 익을 때까지 시간이 걸릴 수 있습니다. 반면, 어영부영하다 한 달이 제대로 마무리되지 않은 채 넘어가도 크게 문제 되지 않는다고 느껴질 수 있죠. 그렇기 때문에 해당 월 마지막 날 또는 다음 달 첫날에는 시간을 내서라도 월 결산은 꼭 작성하고 피드백을 충분히 해야 합니다. 부족했던 부분이나 낭비가 있었다면 다음 달 예산에 반영해 개선하는 것이 중요합니다.

「한 달 마무리」 작성은 오래 걸리지 않나요?

평소 준비 과정만 제대로 해두면 작성하는 데 그리 오래 걸리지 않습니다. 「한 달 마무리」를 쉽게 정리하도록 만들어주는 것은 일주일 가계부입니다. 매주 결산 자료들을 잘 관리해두면 시간을 많이 투자하지 않고도 결산이 가능합니다. 지레 겁부터 먹지 말고 한번 시도해보세요.

한눈에 보는 카드 사용 설명서

'카드 혜택 정보를 한눈에 알아볼 수는 없을까?'

'이 카드 실적이 얼마였더라?'

'혜택이 뭐였지? 내 소비 패턴을 고려했을 때 괜찮은 카드인가?'

'후불 교통카드 출금일이 언제더라? 통장에 돈 넣어야 하는데.'

금융 상품에 가입해놓고서 그냥 방치하지 말고 중요한 정보는 기록해두었다가 필요할 때 활용해야겠죠. 생각날 때마다 매번 금융회사 홈페이지를 들락날락하는 건 시간 낭비입니다. 한 번 정리해놓으면 상품 정보가 바뀌지 않는 한 계속 활용할 수 있습니다. 놓치고 있는 카드 혜택, 실적, 한도 등이 있다면 이번 기회를 통해 제대로 활용해보는 건 어떨까요? 직접 작성을 해보면서 사용하고 있는 카드가 본인의 소비 패턴에 적합한지 되돌아볼 수도 있습니다. 단, 정보가 업데이트될 때는 수정하거나 추가해서 정리해놓으세요. 카드 사용 설명서를 작성하고 나서 신용카드 결제일, 후불 교통카드 출금 날짜 등을 월간 달력에 미리 표시해놓고 관리하면 됩니다.

★ 한눈에 보는 카드 사용 설명서 – 파트 2 565쪽에서 작성하세요

추가 리스트 활용법

요즘 모바일 상품권(기프티콘)을 주고받는 일이 잦습니다. 문자 메시지 또는 기프티콘 어플로 받아놓고선 금세 있다는 사실조차 까맣게 잊어버리기도 해요. 또 사용한 후에 곧바로 지우거나 정리하지 않으면 나중에 이걸 사용했는지 여부도 긴가민가하죠. 실수로 삭제하거나 유효기간이 지나 사용도 못 하고 날리는 경우도 비일비재합니다. '모바일 상품권 리스트'를 활용하여 이제는 모바일 상품권을 꼼꼼하게 챙겨서 써보세요.

모바일 상품권 리스트

'모바일 상품권 리스트' 작성법

- 받거나 구매한 모바일 상품권의 정보인 유효기간, 내역, 판매처, 번호를 작성합니다. (핸드폰으로 다운받은 이미지는 앨범에 '모바일 상품권' 또는 '기프티콘' 폴더를 만들어 관리하는 것을

추천합니다.)

• 사용하고 난 후에는 영수증을 챙기거나 간단하게 사용 여부만 기록해놓으세요. (핸드폰에 저장되어 있는 모바일 상품권 이름을 '9월 16일 사용 완료'라고 바꾸고 가계부 정리할 때 지우는 방법도 있습니다.)
• 「하루 가계부」를 작성할 때 리스트 □칸에 'X' 표시를 하면 사용 완료. 동시에 핸드폰에 있는 모바일 상품권 사진도 지우면 됩니다.
• 혹시 기간 연장을 하거나 환불을 받았다면 함께 기록해놓으세요.

유효기간	내역	판매처	핀 번호 & 쿠폰 번호	연장 및 환불
2018.11.10	☒ 배스킨라빈스 쿼터 아이스크림	배스킨라빈스	9104 1934 6705	X
2018.12.26	□ 빙그레 바나나맛 우유	CU	9461 6500 1825	

★ 모바일 상품권 리스트 – 파트 2 566~567쪽에서 작성하세요

경조사 체크리스트

꼼꼼하게 연간 및 월간 일정에 경조사를 표시해도 예상치 못한 행사로 지출이 발생하기도 합니다. 1년 동안 발생한 경조사를 따로 정리해두세요. 경조사 목적 통장 리스트와 체크리스트 자료를 바탕으로 내년을 더 꼼꼼하게 준비할 수 있어요.

'경조사 체크리스트' 작성법

• 경조사 관련 소비가 발생했을 경우 날짜, 목적, 대상, 사용처 및 내역, 결제 수단, 금액을 적습니다.
• 경조사 목적 통장에 모아둔 돈에서 카드로 7,900원을 지출했다면 「하루 가계부」에 지출 내역 결제 수단은 '목적 통장(카드)', 금액은 '0원', 카드 실적 금액은 '○○카드 7,900원'으로 기록하세요.
• 경조사 목적 통장 리스트에는 소비한 돈과 남은 돈을 기록하고, 체크리스트의 결제 수단에는 '목적 통장(카드)'이라고 작성하면 됩니다.

날짜	목적	대상	사용처 및 내역	결제 수단	금액
5/16	성년의 날	예딘	카카오톡, 스타벅스 텀블러	목적 통장 (카드)	7,900원
5/22	감사	뀨	강남역, 고기 무한 리필	목적 통장 (현금)	10,900원

★ 경조사 체크리스트 - 파트 2 568~569쪽에서 작성하세요

은혜 갚기 리스트

우리가 돈 관리를 하는 이유 중에는 내 삶을 보다 윤택하게 만들기 위해서뿐 아니라 주변 사람들에게 감사함을 표하기 위한 목적도 있습니다. 누군가 내게 베풀었다면 목록을 만들어 적어두었다가 잊지 않고 보답하는 건 어떨까요? 원래 명칭은 '땡큐 리스트'였지만 이제는 친구가 만들어 준, '은혜 갚기 리스트'라는 예쁜 이름으로 부르고 있어요. 바쁜 일상 속에서 주변 사람들 챙기는 것을 잊기 쉬운 요즘 유용하게 사용하고 있습니다.

'은혜 갚기 리스트' 작성법

- 「하루 가계부」 작성 후 내게 도움을 주었거나 은혜를 갚아야 할 사람이 있는지 생각해봅니다.
- 날짜, 목적, 대상, 사용처, 내역을 순서대로 작성합니다. 나중에 봐도 알아보기 쉽게 구체적으로 적는 것이 중요해요.
- 은혜를 갚았다면 보답 칸에 체크로 완료 표시를 하세요.

날짜	목적	대상	사용처 및 내역	금액	보답
5/8	생일	히오니	배스킨라빈스, 어피치 아이스크림 케이크	18,000원	
		라니	스타벅스, 부산 동백꽃 카드	20,000원	V

★ 은혜 갚기 리스트 - 파트 2 570쪽에서 작성하세요

위시 리스트 가계부를 쓰면서 돈 관리에 집중하다 보면 갖고 싶은 것도 선뜻 구매하기 망설여집니다. 하지만 무조건 사지 않는 것은 올바른 돈 관리 방법이 아닙니다. 정말 필요해서 사려고 하는 건지, 아니면 혹해서 갖고 싶은 건지 판단하기 어려우면 우선 '위시 리스트'에 담아두길 바랍니다.

리스트에는 구매하고 싶은 항목의 정확한 명칭과 가격, 갖고 싶은 이유를 써둡니다. 이유는 구체적일수록 좋아요. '필요도' 항목을 활용하면 보다 효율적으로 소비를 통제할 수 있습니다. 위시 리스트라고 해서 사고 싶은 것들을 모두 적어놓았다가 한꺼번에 구매하는 용도로 써서는 안 돼요. 일정 기간을 두고 정말 필요한지를 스스로 피드백하면서 정말 필요한 물품들을 골라내야 의미가 있습니다. 구매하고 싶은 항목에 따라 기간 설정은 다르겠지만 짧으면 일주일에 한 번, 길면 2주일~한 달에 한 번 '위시 리스트' 필요도를 확인해보세요. 정말 내게 필요한 항목을 구매하는 것도 돈 관리에서 정말 중요한 부분이라는 것, 잊지 마세요.

'위시 리스트' 작성법

- 구매하고 싶은 항목, 가격, 이유를 구체적으로 적으세요.
- 일상생활을 하면서 '위시 리스트'에 적은 항목이 절실하게 필요하다 느끼면 □칸 1개를 색칠하여 ■칸으로 만드세요.
  (무조건 구매 욕구를 반영하기보다 현재 내 재정 상황을 기반으로 색칠 여부를 결정하는 것이 중요합니다.)
- 필요도는 총 5칸입니다. □칸이 모두 ■칸으로 채워졌으면 구매 항목을 위한 예산 및 목적 통장을 활용하여 충동 소비가 아닌 계획 소비를 하세요.
  (□칸은 필요에 따라 ◧칸으로 나눠 총 10회로 필요도를 늘릴 수도 있습니다.)
- 구매를 완료했으면 구매하고 싶은 항목의 □칸에 ⊠ 표시를 하세요.
  (만약 혹해서 사려고 했던 거였다면 □칸이 비어 있겠죠.)

구매하고 싶은 항목	가격	이유	필요도
□NG S5302SE 백팩 (Gray)	128,720원	기존 백팩보다 수납공간 많음. 디자인 굿!	◧□□□□
□ 피쿡 체지방 체중계 CQ	27,900원	엄마랑 내기! 몸 관리를 위해 필요.	■■□□□
⧄ 라로슈포제 파운데이션 11호	26,500원	파운데이션, 5개월 전부터 미리 돈 모으기	■■■■■

★ **위시 리스트** – 파트 2 571쪽에서 작성하세요

PART 2

2018년

처음 가계부

DAILY CASH BOOK

2018년 꿈 목록

작성일 . . .

① 2018년에 이루고 싶은 꿈 목록을 생각해봅니다.
(내용: 재테크뿐 아니라 하고 싶은 일, 가보고 싶은 곳, 갖고 싶은 것, 되고 싶은 모습, 나누어주고 싶은 것 등)

② 분류에 따른 내용과 구체적인 활동(날짜, 개수, 시간 등) 및 필요 금액을 적습니다.
(예: 저축하기(X) → 52주 적금 1월에 시작하기(O))

③ 꿈 목록을 작성하면서 느낀 점을 적습니다.

올해 이루고 싶은 꿈 목록은?

분류	내용 및 달성일	필요 금액	현재 상황
	☐	원	원
	☐	원	원
	☐	원	원
	☐	원	원
	☐	원	원
	☐	원	원
	☐	원	원
	☐	원	원
	☐	원	원
	☐	원	원
	☐	원	원
	☐	원	원
꿈을 이루기 위해 필요한 총예산		원	원

꿈 목록을 작성하면서 느낀 점은?

2018년 연간 계획 소비 목록

1월

2월

3월

4월

5월

6월

7월

8월

9월

10월

11월

12월

나만의 DIY 지출 대분류&소분류 정리표

대분류	소분류

DIY 지출 분류 마인드맵 작성 예시

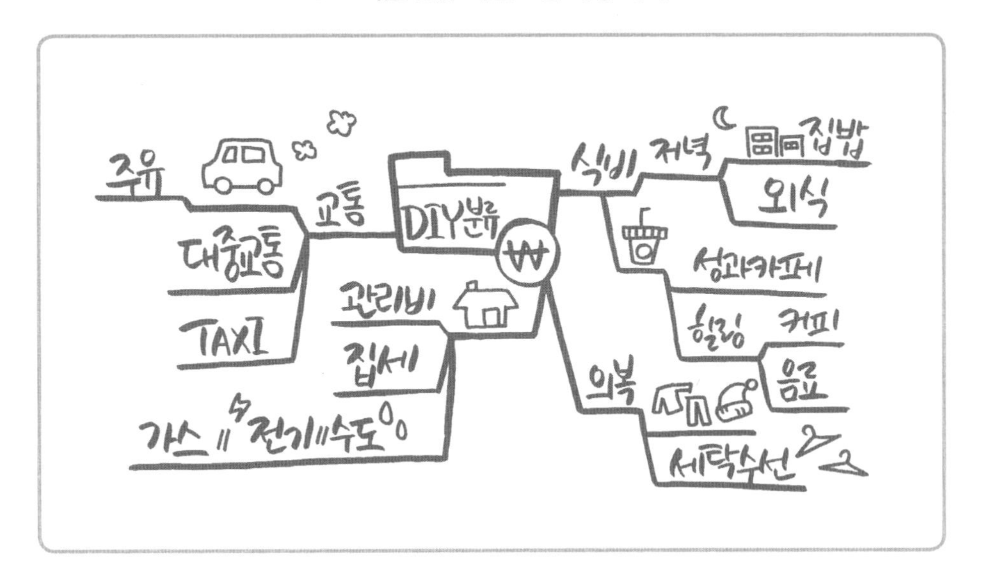

나만의 지출 분류 마인드맵 그려보기

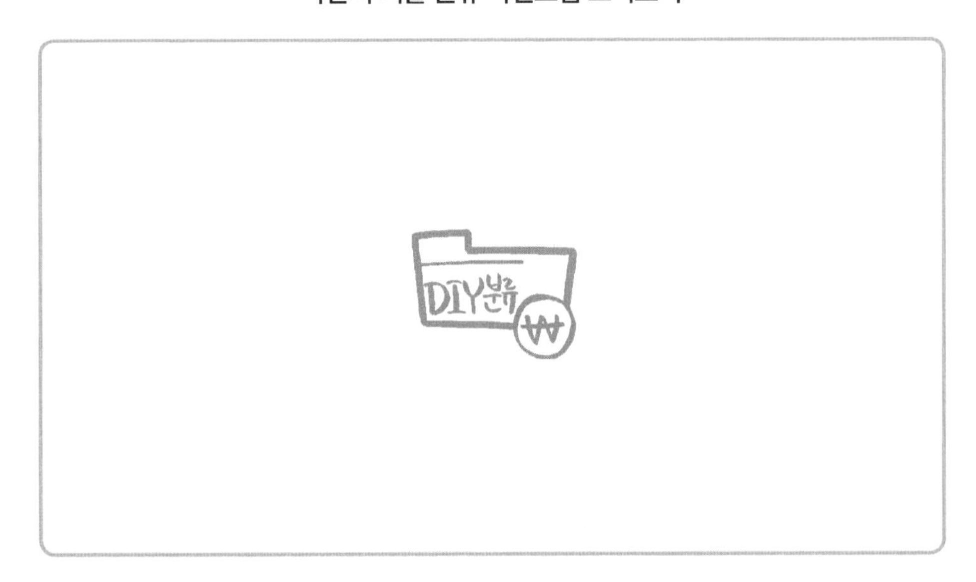

가계부를 지속적으로 쓰는 방법 요점 정리

1. 집착하지 마라

'작심삼일'은 가계부를 쓸 때도 해당되는 말이죠. 첫날에는 부푼 기대로 엄청 꼼꼼하게 작성합니다. 하지만 열정이 과하면 금방 지쳐요. 가계부를 하루이틀만 써서는 소비 습관이 변하지 않습니다. 너무 집착하듯 자세히 쓰려고 하기보다는 꾸준히 쓰겠다는 마음으로 접근하는 것이 좋습니다.

2. 소비하기 전과 후, 각 1분씩만 투자하자

꼭 필요한 소비인지, 계획된 소비였는지를 생각해보세요. 소비 후에는 가계부 어플에 간단하게 기록하거나 영수증을 챙기세요. 더치페이였다면 받을 돈을 메모하는 등 간단한 나만의 가계부 기록법을 정하는 것도 좋습니다.

3. 하루 마감을 가계부로

자기 전 가계부를 쓰며 하루를 마감하는 습관을 들여보세요. 매번 깜박하고 미룬다면 일정한 시간에 알람을 맞춰두는 것도 방법입니다. 간단하게 소비 내역을 기록하거나 갖고 온 영수증을 확인하며 오늘을 정리하고 내일의 소비 계획을 작성하세요.

4. 가계부를 쓰기 싫은 날에는

스트레스를 받으며 억지로 가계부를 쓰기보다 잠시 펜을 놓고 다른 사람들이 쓴 가계부를 구경해보는 것도 좋은 방법입니다. 다른 사람들은 어떻게 소비를 하는지 궁금한 점을 물어보거나 응원의 메시지를 달면서 새롭게 의지를 다져보세요. 가계부를 쓰는 데 긍정적인 자극을 받을 수 있답니다.

5. 나만의 단기 목표를 달성할 수 있는 장치를 만들자

단순히 불필요한 지출을 막기 위해 가계부를 쓸 경우 눈에 띄게 변하는 것이 없으면 금방 포기하게 됩니다. 장기 목표도 중요하지만 중간중간 단기 목표도 설정해서 소소한 행복과 만족감을 누려보는 것도 좋습니다. 예를 들어 '평일에 버스 타지 않고 걸어서 지하철 타기! 성공하면 1,000원 저축' '점심 후 탄산음료 대신 물 마시기! 성공하면 2,000원 저축' 등으로 가계부 쓰는 것에 재미를 부여하세요.

2018 CASH BOOK

1

JANUARY

한달 계획

1

JANUARY

2018

S	M	T	W	T	F	S
	1 신정	2	3	4	5	6
7	8	9	10	11	12	13
14	15	16	17 음 12.1	18	19	20
21	22	23	24	25	26	27
28	29	30	31 음 12.15			

수입 및 지출 계획	
수입	원
지출	원

개인적 목표

재정적 목표

소비 체크 리스트		
☐	☐	☐

대분류	예산	고정 지출 계획	날짜	결제 수단	확인
	원				
	원				
	원				
	원				
	원				
	원				
	원				
합계	원				

대분류	예산	변동 지출 계획
	원	
	원	
	원	
	원	
	원	
	원	
	원	
	원	
	원	
	원	
합계	원	

하루 가계부

1
MON

소비 계획

오늘 예산: 원

☐	원	☐	원
☐	원	☐	원

지출

대분류	소분류	사용처 및 내역	결제 수단	금액
				원
				원
				원
				원
				원
				원
			총지출	원

혜택 / 낭비

혜택	
낭비	

카드 사용액

	원
	원

결제 수단

현금	카드	저축	기타
원	원	원	

칭찬 / 반성

칭찬:

반성:

하루 가계부

2
TUE

소비 계획

오늘 예산: 원

☐	원	☐	원
☐	원	☐	원

지출

대분류	소분류	사용처 및 내역	결제 수단	금액
				원
				원
				원
				원
				원
				원
			총지출	원

혜택 / 낭비

혜택	
낭비	

카드 사용액

	원
	원

결제 수단

현금	카드	저축	기타
원	원	원	

칭찬 / 반성

칭찬:

반성:

하루 가계부

3
WED

소비 계획

오늘 예산: 원

☐	원	☐	원
☐	원	☐	원

지출

대분류	소분류	사용처 및 내역	결제 수단	금액
				원
				원
				원
				원
				원
				원
			총지출	원

혜택 / 낭비

혜택	
낭비	

카드 사용액

	원
	원

결제 수단

현금	카드	저축	기타
원	원	원	

칭찬 / 반성

칭찬:

반성:

하루 가계부

4
THU

소비 계획

오늘 예산: 원

☐	원	☐	원
☐	원	☐	원

지출

대분류	소분류	사용처 및 내역	결제 수단	금액
				원
				원
				원
				원
				원
				원
			총지출	원

혜택 / 낭비

혜택	
낭비	

카드 사용액

	원
	원

결제 수단

현금	카드	저축	기타
원	원	원	

칭찬 / 반성

칭찬:

반성:

하루 가계부

5
FRI

소비 계획

오늘 예산: 원

☐	원	☐	원
☐	원	☐	원

지출

대분류	소분류	사용처 및 내역	결제 수단	금액
				원
				원
				원
				원
				원
				원
			총지출	원

혜택 / 낭비

혜택	
낭비	

카드 사용액

	원
	원

결제 수단

현금	카드	저축	기타
원	원	원	

칭찬 / 반성

칭찬:

반성:

하루 가계부

6
SAT

소비 계획

오늘 예산: 원

☐	원	☐	원
☐	원	☐	원

지출

대분류	소분류	사용처 및 내역	결제 수단	금액
				원
				원
				원
				원
				원
				원
			총지출	원

혜택 / 낭비

혜택	
낭비	

카드 사용액

	원
	원

결제 수단

현금	카드	저축	기타
원	원	원	

칭찬 / 반성

칭찬:

반성:

하루 가계부

7
SUN

소비 계획
오늘 예산: 원

☐	원	☐	원
☐	원	☐	원

지출

대분류	소분류	사용처 및 내역	결제 수단	금액
				원
				원
				원
				원
				원
				원
			총지출	원

혜택 / 낭비

혜택	
낭비	

카드 사용액

	원
	원

결제 수단

현금	카드	저축	기타
원	원	원	

칭찬 / 반성

칭찬:

반성:

1월 첫째 주(1. 1 ~ 1. 7)

분류별 분석

대분류	금액	지난주	↑↓	예산 잔액	피드백
	원	원		원	
	원	원		원	
	원	원		원	
	원	원		원	
	원	원		원	
	원	원		원	
	원	원		원	
합계	원	원		원	

혜택 / 낭비

혜택	
낭비	
피드백	

결제 수단별 총지출액

현금	카드	저축	기타
원	원	원	

카드 사용액

	원		원		원

이번 주 마무리 및 다음 주 소비 계획

☐
☐
☐
☐

하루 가계부

8
MON

소비 계획

오늘 예산: 원

☐	원	☐	원
☐	원	☐	원

지출

대분류	소분류	사용처 및 내역	결제 수단	금액
				원
				원
				원
				원
				원
				원
			총지출	원

혜택 / 낭비

혜택	
낭비	

카드 사용액

	원
	원

결제 수단

현금	카드	저축	기타
원	원	원	

칭찬 / 반성

칭찬:

반성:

하루 가계부

9

TUE

소비 계획

오늘 예산: 원

☐	원	☐	원
☐	원	☐	원

지출

대분류	소분류	사용처 및 내역	결제 수단	금액
				원
				원
				원
				원
				원
				원
			총지출	원

혜택 / 낭비

혜택	
낭비	

카드 사용액

	원
	원

결제 수단

현금	카드	저축	기타
원	원	원	

칭찬 / 반성

칭찬:

반성:

하루 가계부

10
WED

소비 계획

오늘 예산: 원

☐	원	☐	원
☐	원	☐	원

지출

대분류	소분류	사용처 및 내역	결제 수단	금액
				원
				원
				원
				원
				원
				원
			총지출	원

혜택 / 낭비

혜택	
낭비	

카드 사용액

	원
	원

결제 수단

현금	카드	저축	기타
원	원	원	

칭찬 / 반성

칭찬:

반성:

11
THU

소비 계획

오늘 예산: 원

□	원	□	원
□	원	□	원

지출

대분류	소분류	사용처 및 내역	결제 수단	금액
				원
				원
				원
				원
				원
				원
			총지출	원

혜택 / 낭비

혜택	
낭비	

카드 사용액

	원
	원

결제 수단

현금	카드	저축	기타
원	원	원	

칭찬 / 반성

칭찬:

반성:

하루 가계부

12
FRI

소비 계획

오늘 예산: 원

☐	원	☐	원
☐	원	☐	원

지출

대분류	소분류	사용처 및 내역	결제 수단	금액
				원
				원
				원
				원
				원
				원
			총지출	원

혜택 / 낭비

혜택	
낭비	

카드 사용액

	원
	원

결제 수단

현금	카드	저축	기타
원	원	원	

칭찬 / 반성

칭찬:

반성:

하루 가계부

13
SAT

소비 계획

오늘 예산: 원

☐	원	☐	원
☐	원	☐	원

지출

대분류	소분류	사용처 및 내역	결제 수단	금액
				원
				원
				원
				원
				원
				원
			총지출	원

혜택 / 낭비

혜택	
낭비	

카드 사용액

	원
	원

결제 수단

현금	카드	저축	기타
원	원	원	

칭찬 / 반성

칭찬:

반성:

하루 가계부

14
SUN

소비 계획

오늘 예산: 원

☐	원	☐	원
☐	원	☐	원

지출

대분류	소분류	사용처 및 내역	결제 수단	금액
				원
				원
				원
				원
				원
				원
			총지출	원

혜택 / 낭비

혜택	
낭비	

카드 사용액

	원
	원

결제 수단

현금	카드	저축	기타
원	원	원	

칭찬 / 반성

칭찬:

반성:

1월 둘째 주(1. 8 ~ 1. 14)

분류별 분석

대분류	금액	지난주	↑↓	예산 잔액	피드백
	원	원		원	
	원	원		원	
	원	원		원	
	원	원		원	
	원	원		원	
	원	원		원	
	원	원		원	
합계	원	원		원	

혜택 / 낭비

혜택	
낭비	
피드백	

결제 수단별 총지출액

현금	카드	저축	기타
원	원	원	

카드 사용액

	원		원		원

이번 주 마무리 및 다음 주 소비 계획

☐
☐
☐
☐

하루 가계부

15
MON

소비 계획

오늘 예산: 원

☐	원	☐	원
☐	원	☐	원

지출

대분류	소분류	사용처 및 내역	결제 수단	금액
				원
				원
				원
				원
				원
				원
			총지출	원

혜택 / 낭비

혜택	
낭비	

카드 사용액

	원
	원

결제 수단

현금	카드	저축	기타
원	원	원	

칭찬 / 반성

칭찬:

반성:

하루 가계부

16
TUE

소비 계획

오늘 예산: 원

☐	원	☐	원
☐	원	☐	원

지출

대분류	소분류	사용처 및 내역	결제 수단	금액
				원
				원
				원
				원
				원
				원
			총지출	원

혜택 / 낭비

혜택	
낭비	

카드 사용액

	원
	원

결제 수단

현금	카드	저축	기타
원	원	원	

칭찬 / 반성

칭찬:

반성:

하루 가계부

17
WED

소비 계획

오늘 예산: 원

☐	원	☐	원
☐	원	☐	원

지출

대분류	소분류	사용처 및 내역	결제 수단	금액
				원
				원
				원
				원
				원
				원
			총지출	원

혜택 / 낭비

혜택	
낭비	

카드 사용액

	원
	원

결제 수단

현금	카드	저축	기타
원	원	원	

칭찬 / 반성

칭찬:

반성:

하루 가계부

18
THU

소비 계획

오늘 예산: 원

☐	원	☐	원
☐	원	☐	원

지출

대분류	소분류	사용처 및 내역	결제 수단	금액
				원
				원
				원
				원
				원
				원
			총지출	원

혜택 / 낭비

혜택	
낭비	

카드 사용액

	원
	원

결제 수단

현금	카드	저축	기타
원	원	원	

칭찬 / 반성

칭찬:

반성:

하루 가계부

19
FRI

소비 계획

오늘 예산: 원

☐	원	☐	원
☐	원	☐	원

지출

대분류	소분류	사용처 및 내역	결제 수단	금액
				원
				원
				원
				원
				원
				원
			총지출	원

혜택 / 낭비

혜택	
낭비	

카드 사용액

	원
	원

결제 수단

현금	카드	저축	기타
원	원	원	

칭찬 / 반성

칭찬:

반성:

하루 가계부

20
SAT

소비 계획

오늘 예산: 원

☐	원	☐	원
☐	원	☐	원

지출

대분류	소분류	사용처 및 내역	결제 수단	금액
				원
				원
				원
				원
				원
				원
			총지출	원

혜택 / 낭비

혜택	
낭비	

카드 사용액

	원
	원

결제 수단

현금	카드	저축	기타
원	원	원	

칭찬 / 반성

칭찬:

반성:

하루 가계부

21
SUN

오늘 예산: 원

소비 계획

☐	원	☐	원
☐	원	☐	원

지출

대분류	소분류	사용처 및 내역	결제 수단	금액
				원
				원
				원
				원
				원
				원
			총지출	원

혜택 / 낭비

혜택	
낭비	

카드 사용액

	원
	원

결제 수단

현금	카드	저축	기타
원	원	원	

칭찬 / 반성

칭찬:

반성:

1월 셋째 주(1. 15 ~ 1. 21)

분류별 분석

대분류	금액	지난주	↑↓	예산 잔액	피드백
	원	원		원	
	원	원		원	
	원	원		원	
	원	원		원	
	원	원		원	
	원	원		원	
	원	원		원	
합계	원	원		원	

혜택 / 낭비

혜택	
낭비	
피드백	

결제 수단별 총지출액

현금	카드	저축	기타
원	원	원	

카드 사용액

	원		원		원

이번 주 마무리 및 다음 주 소비 계획

- [ ]
- [ ]
- [ ]
- [ ]

하루 가계부

22
MON

소비 계획

오늘 예산: 원

☐	원	☐	원
☐	원	☐	원

지출

대분류	소분류	사용처 및 내역	결제 수단	금액
				원
				원
				원
				원
				원
				원
			총지출	원

혜택 / 낭비

혜택	
낭비	

카드 사용액

	원
	원

결제 수단

현금	카드	저축	기타
원	원	원	

칭찬 / 반성

칭찬:

반성:

하루 가계부

23
TUE

소비 계획

오늘 예산: 원

☐	원	☐	원
☐	원	☐	원

지출

대분류	소분류	사용처 및 내역	결제 수단	금액
				원
				원
				원
				원
				원
				원
			총지출	원

혜택 / 낭비

혜택	
낭비	

카드 사용액

	원
	원

결제 수단

현금	카드	저축	기타
원	원	원	

칭찬 / 반성

칭찬:

반성:

하루 가계부

24
WED

오늘 예산: 원

소비 계획

☐	원	☐	원
☐	원	☐	원

지출

대분류	소분류	사용처 및 내역	결제 수단	금액
				원
				원
				원
				원
				원
				원
			총지출	원

혜택 / 낭비

혜택	
낭비	

카드 사용액

	원
	원

결제 수단

현금	카드	저축	기타
원	원	원	

칭찬 / 반성

칭찬:

반성:

하루 가계부

25
THU

소비 계획

오늘 예산: 원

☐	원	☐	원
☐	원	☐	원

지출

대분류	소분류	사용처 및 내역	결제 수단	금액
				원
				원
				원
				원
				원
				원
			총지출	원

혜택 / 낭비

혜택	
낭비	

카드 사용액

	원
	원

결제 수단

현금	카드	저축	기타
원	원	원	

칭찬 / 반성

칭찬:

반성:

하루 가계부

26
FRI

소비 계획

오늘 예산: 원

☐	원	☐	원
☐	원	☐	원

지출

대분류	소분류	사용처 및 내역	결제 수단	금액
				원
				원
				원
				원
				원
				원
			총지출	원

혜택 / 낭비

혜택	
낭비	

카드 사용액

	원
	원

결제 수단

현금	카드	저축	기타
원	원	원	

칭찬 / 반성

칭찬:

반성:

하루 가계부

27
SAT

소비 계획

오늘 예산: 원

☐	원	☐	원
☐	원	☐	원

지출

대분류	소분류	사용처 및 내역	결제 수단	금액
				원
				원
				원
				원
				원
				원
			총지출	원

혜택 / 낭비

혜택	
낭비	

카드 사용액

	원
	원

결제 수단

현금	카드	저축	기타
원	원	원	

칭찬 / 반성

칭찬:

반성:

하루 가계부

28
SUN

소비 계획

오늘 예산: 원

☐	원	☐	원
☐	원	☐	원

지출

대분류	소분류	사용처 및 내역	결제 수단	금액
				원
				원
				원
				원
				원
				원
			총지출	원

혜택 / 낭비

혜택	
낭비	

카드 사용액

	원
	원

결제 수단

현금	카드	저축	기타
원	원	원	

칭찬 / 반성

칭찬:

반성:

일주일 마무리

1월 넷째 주(1. 22 ~ 1. 28)

분류별 분석

대분류	금액	지난주	↑↓	예산 잔액	피드백
	원	원		원	
	원	원		원	
	원	원		원	
	원	원		원	
	원	원		원	
	원	원		원	
	원	원		원	
합계	원	원		원	

혜택 / 낭비

혜택	
낭비	
피드백	

결제 수단별 총지출액

현금	카드	저축	기타
원	원	원	

카드 사용액

	원		원		원

이번 주 마무리 및 다음 주 소비 계획

- [ ]
- [ ]
- [ ]
- [ ]

하루 가계부

29
MON

소비 계획

오늘 예산: 원

☐	원	☐	원
☐	원	☐	원

지출

대분류	소분류	사용처 및 내역	결제 수단	금액
				원
				원
				원
				원
				원
				원
			총지출	원

혜택 / 낭비

혜택	
낭비	

카드 사용액

	원
	원

결제 수단

현금	카드	저축	기타
원	원	원	

칭찬 / 반성

칭찬:

반성:

하루 가계부

30
TUE

소비 계획

오늘 예산: 원

☐	원	☐	원
☐	원	☐	원

지출

대분류	소분류	사용처 및 내역	결제 수단	금액
				원
				원
				원
				원
				원
				원
			총지출	원

혜택 / 낭비

혜택	
낭비	

카드 사용액

	원
	원

결제 수단

현금	카드	저축	기타
원	원	원	

칭찬 / 반성

칭찬:

반성:

하루 가계부

31
WED

소비 계획

오늘 예산: 원

☐	원	☐	원
☐	원	☐	원

지출

대분류	소분류	사용처 및 내역	결제 수단	금액
				원
				원
				원
				원
				원
				원
			총지출	원

혜택 / 낭비

혜택	
낭비	

카드 사용액

	원
	원

결제 수단

현금	카드	저축	기타
원	원	원	

칭찬 / 반성

칭찬:

반성:

일주일 마무리

1월 다섯째 주 (1. 29 ~ 1. 31)

분류별 분석

대분류	금액	지난주	↑↓	예산 잔액	피드백
	원	원		원	
	원	원		원	
	원	원		원	
	원	원		원	
	원	원		원	
	원	원		원	
	원	원		원	
합계	원	원		원	

혜택 / 낭비

혜택	
낭비	
피드백	

결제 수단별 총지출액

현금	카드	저축	기타
원	원	원	

카드 사용액

	원		원		원

이번 주 마무리 및 다음 주 소비 계획

□
□
□
□

가계부 잘 쓰는 방법 1

자만심을 경계하세요

처음 혼자 가계부를 쓰기 시작하면 습관이 들기 전까지 쉽게 포기하게 되죠. 게다가 잘하고 있는지 궁금해도 조언을 받기가 힘듭니다. 『처음 가계부』의 장점 중 하나는 온라인에서 상호 피드백이 가능하다는 거예요. 네이버 '재:시작 카페'에 가계부를 올리면 다른 회원의 조언, 피드백, 팁을 얻을 수 있고 다른 사람들은 어떻게 소비 생활을 하고 있는지 찾아볼 수 있습니다. 열심히 사는 분들을 보며 긍정적 자극도 얻을 수 있고, 직접 피드백을 통해 한 단계 성장할 수 있는 계기가 됩니다. 조금씩 습관이 몸에 배면 가계부를 안 쓴 날에는 몸이 알아서 반응할 정도입니다. 작성한 지 50일 전후로는 보통 소비 패턴이 안정되고 돈 관리에 큰 무리와 변화가 없어지면서 가계부 쓰기가 귀찮아지곤 합니다. 저 역시 그랬어요. 가계부를 굳이 안 써도 될 것 같은 자만심에 빠져 며칠을 건너뛰기도 했습니다. 아직까지 제대로 습관이 자리 잡지 않은 상태에서 자신을 과대평가한 것입니다. 3개월 넘게 가계부를 작성하는 동안 시행착오도 빈번하게 발생했습니다. 하지만 가계부 작성은 삶의 질을 높여주고 긍정적인 소비에 대해 다시 한 번 생각해보는 계기가 되었습니다. 가계부를 쓸 때는 단기간에 결과물이 나와야 된다는 부담과 압박감에서 벗어나는 것과 완벽한 사용법보다 내게 맞는 사용법을 꾸준히 찾으면서 내 것으로 만드는 것이 중요해요.

고정 저축과 변동 저축을 구분 지어 기록해보세요

'왜 저축이 지출 항목으로 들어가서 가계부 지출 금액 비중이 높아져야 할까' 하는 불만이 있나요? 저축은 지금 당장은 아니지만 미래에 소비하기 위해 지금 내가 가진 돈에서 나가는 금액이므로 지출로 잡아야 해요. 만약 저축으로 모은 돈이 만기가 되어 다시 내게 들어오면 그때는 수입이 되겠죠. 저는 저축을 고정 저축과 변동 저축으로 나눠 가계부를 정리합니다. 고정 저축은 매달 일정한 날짜에 일정 금액이 저축 또는 투자되는 상품을 말합니다. 흔히 예 · 적금, 펀드 등이 있죠. 변동 저축은 일상생활을 하면서 조금씩 돈을 모으는 것을 말해요. 예를 들어 '건강한 하루 프로젝트'는 하루에 1만 보 이상 걷거나 운동을 했을 때 1,000원씩 자유 적금에 넣어 건강도 챙기고 종잣돈을 모을 수 있는 목적 통장입니다. 게임 미션을 부여하여 소액으로 저축 습관을 만들 수 있고 만기된 돈은 의료비 통장에 보탤 계획을 갖고 있습니다. 이렇게 고정 저축과 변동 저축을 구분 짓는다면 실생활에서도 저축할 수 있는 가능성이 높아져요.

고정 지출 결산

대분류	결산	예산	↑↓	피드백
	원	원		
	원	원		
	원	원		
	원	원		
	원	원		
	원	원		
	원	원		
합계	원	원		

변동 지출 결산

대분류	결산	예산	↑↓	피드백
	원	원		
	원	원		
	원	원		
	원	원		
	원	원		
	원	원		
	원	원		
	원	원		
	원	원		
	원	원		
합계	원	원		

01 JANUARY

수입 · 지출 · 저축 총결산

수입	원	지출	원	현금	원	저축	원
				카드	원		
기타							

혜택 / 낭비

혜택	
낭비	
피드백	

카드 사용액

	원		원		원

이번 달 마무리 및 꿈 목록 체크

이번 달 꿈 목록 현황	다음 달 집중해야 할 꿈 목록

2018 CASH BOOK

2

FEBRUARY

2

FEBRUARY

S	M	T	W	T	F	S
				1	2	3
4 입춘	5	6	7	8	9	10
11	12	13	14 밸런타인데이	15	16 설날 음1.1	17
18	19	20	21	22	23	24
25	26	27	28			

수입 및 지출 계획	
수입	원
지출	원

개인적 목표

재정적 목표

소비 체크 리스트

☐	☐	☐

대분류	예산	고정 지출 계획	날짜	결제 수단	확인
	원				
	원				
	원				
	원				
	원				
	원				
	원				
합계	원				

대분류	예산	변동 지출 계획
	원	
	원	
	원	
	원	
	원	
	원	
	원	
	원	
	원	
	원	
합계	원	

하루 가계부

1

THU

소비 계획

오늘 예산: 원

☐	원	☐	원
☐	원	☐	원

지출

대분류	소분류	사용처 및 내역	결제 수단	금액
				원
				원
				원
				원
				원
				원
			총지출	원

혜택 / 낭비

혜택	
낭비	

카드 사용액

	원
	원

결제 수단

현금	카드	저축	기타
원	원	원	

칭찬 / 반성

칭찬:

반성:

하루 가계부

2
FRI

소비 계획

오늘 예산: 원

☐	원	☐	원
☐	원	☐	원

지출

대분류	소분류	사용처 및 내역	결제 수단	금액
				원
				원
				원
				원
				원
				원
			총지출	원

혜택 / 낭비

혜택	
낭비	

카드 사용액

	원
	원

결제 수단

현금	카드	저축	기타
원	원	원	

칭찬 / 반성

칭찬:

반성:

하루 가계부

3
SAT

소비 계획

오늘 예산: 원

☐	원	☐	원
☐	원	☐	원

지출

대분류	소분류	사용처 및 내역	결제 수단	금액
				원
				원
				원
				원
				원
				원
			총지출	원

혜택 / 낭비

혜택	
낭비	

카드 사용액

	원
	원

결제 수단

현금	카드	저축	기타
원	원	원	

칭찬 / 반성

칭찬:

반성:

하루 가계부

4
SUN

소비 계획

오늘 예산: 원

☐	원	☐	원
☐	원	☐	원

지출

대분류	소분류	사용처 및 내역	결제 수단	금액
				원
				원
				원
				원
				원
				원
			총지출	원

혜택 / 낭비

혜택	
낭비	

카드 사용액

	원
	원

결제 수단

현금	카드	저축	기타
원	원	원	

칭찬 / 반성

칭찬:

반성:

일주일 마무리

2월 첫째 주(2. 1 ~ 2. 4)

분류별 분석

대분류	금액	지난주	↑↓	예산 잔액	피드백
	원	원		원	
	원	원		원	
	원	원		원	
	원	원		원	
	원	원		원	
	원	원		원	
	원	원		원	
합계	원	원		원	

혜택 / 낭비

혜택	
낭비	
피드백	

결제 수단별 총지출액

현금	카드	저축	기타
원	원	원	

카드 사용액

	원		원		원

이번 주 마무리 및 다음 주 소비 계획

☐
☐
☐
☐

하루 가계부

5
MON

소비 계획

오늘 예산: 원

☐	원	☐	원
☐	원	☐	원

지출

대분류	소분류	사용처 및 내역	결제 수단	금액
				원
				원
				원
				원
				원
				원
			총지출	원

혜택 / 낭비

혜택	
낭비	

카드 사용액

	원
	원

결제 수단

현금	카드	저축	기타
원	원	원	

칭찬 / 반성

칭찬:

반성:

하루 가계부

6
TUE

소비 계획

오늘 예산: 원

☐	원	☐	원
☐	원	☐	원

지출

대분류	소분류	사용처 및 내역	결제 수단	금액
				원
				원
				원
				원
				원
				원
			총지출	원

혜택 / 낭비

혜택	
낭비	

카드 사용액

	원
	원

결제 수단

현금	카드	저축	기타
원	원	원	

칭찬 / 반성

칭찬:

반성:

하루 가계부

7
WED

소비 계획

오늘 예산: 원

☐	원	☐	원
☐	원	☐	원

지출

대분류	소분류	사용처 및 내역	결제 수단	금액
				원
				원
				원
				원
				원
				원
			총지출	원

혜택 / 낭비

혜택	
낭비	

카드 사용액

	원
	원

결제 수단

현금	카드	저축	기타
원	원	원	

칭찬 / 반성

칭찬:

반성:

하루 가계부

8
THU

소비 계획

오늘 예산: 원

☐	원	☐	원
☐	원	☐	원

지출

대분류	소분류	사용처 및 내역	결제 수단	금액
				원
				원
				원
				원
				원
				원
			총지출	원

혜택 / 낭비

혜택	
낭비	

카드 사용액

	원
	원

결제 수단

현금	카드	저축	기타
원	원	원	

칭찬 / 반성

칭찬:

반성:

하루 가계부

9
FRI

소비 계획

오늘 예산: 원

☐	원	☐	원
☐	원	☐	원

지출

대분류	소분류	사용처 및 내역	결제 수단	금액
				원
				원
				원
				원
				원
				원
			총지출	원

혜택 / 낭비

혜택	
낭비	

카드 사용액

	원
	원

결제 수단

현금	카드	저축	기타
원	원	원	

칭찬 / 반성

칭찬:

반성:

하루 가계부

10

SAT

소비 계획

오늘 예산: 원

☐	원	☐	원
☐	원	☐	원

지출

대분류	소분류	사용처 및 내역	결제 수단	금액
				원
				원
				원
				원
				원
				원
			총지출	원

혜택 / 낭비

혜택	
낭비	

카드 사용액

	원
	원

결제 수단

현금	카드	저축	기타
원	원	원	

칭찬 / 반성

칭찬:

반성:

하루 가계부

11
SUN

소비 계획

오늘 예산: 원

☐	원	☐	원
☐	원	☐	원

지출

대분류	소분류	사용처 및 내역	결제 수단	금액
				원
				원
				원
				원
				원
				원
			총지출	원

혜택 / 낭비

혜택	
낭비	

카드 사용액

	원
	원

결제 수단

현금	카드	저축	기타
원	원	원	

칭찬 / 반성

칭찬:

반성:

2월 둘째 주(2. 5 ~ 2. 11)

분류별 분석

대분류	금액	지난주	↑↓	예산 잔액	피드백
	원	원		원	
	원	원		원	
	원	원		원	
	원	원		원	
	원	원		원	
	원	원		원	
	원	원		원	
합계	원	원		원	

혜택 / 낭비

혜택	
낭비	
피드백	

결제 수단별 총지출액

현금	카드	저축	기타
원	원	원	

카드 사용액

	원		원		원

이번 주 마무리 및 다음 주 소비 계획

☐
☐
☐
☐

하루 가계부

12
MON

소비 계획

오늘 예산: 원

☐	원	☐	원
☐	원	☐	원

지출

대분류	소분류	사용처 및 내역	결제 수단	금액
				원
				원
				원
				원
				원
				원
			총지출	원

혜택 / 낭비

혜택	
낭비	

카드 사용액

	원
	원

결제 수단

현금	카드	저축	기타
원	원	원	

칭찬 / 반성

칭찬:

반성:

하루 가계부

13
TUE

소비 계획

오늘 예산: 원

☐	원	☐	원
☐	원	☐	원

지출

대분류	소분류	사용처 및 내역	결제 수단	금액
				원
				원
				원
				원
				원
				원
			총지출	원

혜택 / 낭비

혜택	
낭비	

카드 사용액

	원
	원

결제 수단

현금	카드	저축	기타
원	원	원	

칭찬 / 반성

칭찬:

반성:

하루 가계부

14
WED

소비 계획

오늘 예산: 원

☐	원	☐	원
☐	원	☐	원

지출

대분류	소분류	사용처 및 내역	결제 수단	금액
				원
				원
				원
				원
				원
				원
			총지출	원

혜택 / 낭비

혜택	
낭비	

카드 사용액

	원
	원

결제 수단

현금	카드	저축	기타
원	원	원	

칭찬 / 반성

칭찬:

반성:

하루 가계부

15
THU

소비 계획

오늘 예산: 원

☐	원	☐	원
☐	원	☐	원

지출

대분류	소분류	사용처 및 내역	결제 수단	금액
				원
				원
				원
				원
				원
				원
			총지출	원

혜택 / 낭비

혜택	
낭비	

카드 사용액

	원
	원

결제 수단

현금	카드	저축	기타
원	원	원	

칭찬 / 반성

칭찬:

반성:

16
FRI

소비 계획

오늘 예산: 원

☐	원	☐	원
☐	원	☐	원

지출

대분류	소분류	사용처 및 내역	결제 수단	금액
				원
				원
				원
				원
				원
				원
			총지출	원

혜택 / 낭비

혜택	
낭비	

카드 사용액

	원
	원

결제 수단

현금	카드	저축	기타
원	원	원	

칭찬 / 반성

칭찬:

반성:

하루 가계부

17
SAT

소비 계획

오늘 예산: 원

☐	원	☐	원
☐	원	☐	원

지출

대분류	소분류	사용처 및 내역	결제 수단	금액
				원
				원
				원
				원
				원
				원
			총지출	원

혜택 / 낭비

혜택	
낭비	

카드 사용액

	원
	원

결제 수단

현금	카드	저축	기타
원	원	원	

칭찬 / 반성

칭찬:

반성:

하루 가계부

18
SUN

소비 계획

오늘 예산: 원

□	원	□	원
□	원	□	원

지출

대분류	소분류	사용처 및 내역	결제 수단	금액
				원
				원
				원
				원
				원
				원
			총지출	원

혜택 / 낭비

혜택	
낭비	

카드 사용액

	원
	원

결제 수단

현금	카드	저축	기타
원	원	원	

칭찬 / 반성

칭찬:

반성:

2월 셋째 주(2. 12 ~ 2. 18)

분류별 분석

대분류	금액	지난주	↑↓	예산 잔액	피드백
	원	원		원	
	원	원		원	
	원	원		원	
	원	원		원	
	원	원		원	
	원	원		원	
	원	원		원	
합계	원	원		원	

혜택 / 낭비

혜택	
낭비	
피드백	

결제 수단별 총지출액

현금	카드	저축	기타
원	원	원	

카드 사용액

	원		원		원

이번 주 마무리 및 다음 주 소비 계획

- ☐
- ☐
- ☐
- ☐

하루 가계부

19
MON

소비 계획

오늘 예산: 원

☐	원	☐	원
☐	원	☐	원

지출

대분류	소분류	사용처 및 내역	결제 수단	금액
				원
				원
				원
				원
				원
				원
			총지출	원

혜택 / 낭비

혜택	
낭비	

카드 사용액

	원
	원

결제 수단

현금	카드	저축	기타
원	원	원	

칭찬 / 반성

칭찬:

반성:

하루 가계부

20
TUE

소비 계획

오늘 예산: 원

☐	원	☐	원
☐	원	☐	원

지출

대분류	소분류	사용처 및 내역	결제 수단	금액
				원
				원
				원
				원
				원
				원
			총지출	원

혜택 / 낭비

혜택	
낭비	

카드 사용액

	원
	원

결제 수단

현금	카드	저축	기타
원	원	원	

칭찬 / 반성

칭찬:

반성:

하루 가계부

21
WED

소비 계획

오늘 예산: 원

☐	원	☐	원
☐	원	☐	원

지출

대분류	소분류	사용처 및 내역	결제 수단	금액
				원
				원
				원
				원
				원
				원
			총지출	원

혜택 / 낭비

혜택	
낭비	

카드 사용액

	원
	원

결제 수단

현금	카드	저축	기타
원	원	원	

칭찬 / 반성

칭찬:

반성:

하루 가계부

22
THU

소비 계획

오늘 예산: 원

☐	원	☐	원
☐	원	☐	원

지출

대분류	소분류	사용처 및 내역	결제 수단	금액
				원
				원
				원
				원
				원
				원
			총지출	원

혜택 / 낭비

혜택	
낭비	

카드 사용액

	원
	원

결제 수단

현금	카드	저축	기타
원	원	원	

칭찬 / 반성

칭찬:

반성:

하루 가계부

23
FRI

소비 계획

오늘 예산: 원

☐	원	☐	원
☐	원	☐	원

지출

대분류	소분류	사용처 및 내역	결제 수단	금액
				원
				원
				원
				원
				원
				원
			총지출	원

혜택 / 낭비

혜택	
낭비	

카드 사용액

	원
	원

결제 수단

현금	카드	저축	기타
원	원	원	

칭찬 / 반성

칭찬:

반성:

하루 가계부

24
SAT

소비 계획

오늘 예산: 원

☐	원	☐	원
☐	원	☐	원

지출

대분류	소분류	사용처 및 내역	결제 수단	금액
				원
				원
				원
				원
				원
				원
			총지출	원

혜택 / 낭비

혜택	
낭비	

카드 사용액

	원
	원

결제 수단

현금	카드	저축	기타
원	원	원	

칭찬 / 반성

칭찬:

반성:

하루 가계부

25
SUN

소비 계획

오늘 예산: 원

☐	원	☐	원
☐	원	☐	원

지출

대분류	소분류	사용처 및 내역	결제 수단	금액
				원
				원
				원
				원
				원
				원
			총지출	원

혜택 / 낭비

혜택	
낭비	

카드 사용액

	원
	원

결제 수단

현금	카드	저축	기타
원	원	원	

칭찬 / 반성

칭찬:

반성:

2월 넷째 주(2. 19 ~ 2. 25)

분류별 분석

대분류	금액	지난주	↑↓	예산 잔액	피드백
	원	원		원	
	원	원		원	
	원	원		원	
	원	원		원	
	원	원		원	
	원	원		원	
	원	원		원	
합계	원	원		원	

혜택 / 낭비

혜택	
낭비	
피드백	

결제 수단별 총지출액

현금	카드	저축	기타
원	원	원	

카드 사용액

	원		원		원

이번 주 마무리 및 다음 주 소비 계획

- [ ]
- [ ]
- [ ]
- [ ]

하루 가계부

26
MON

소비 계획

오늘 예산: 원

☐	원	☐	원
☐	원	☐	원

지출

대분류	소분류	사용처 및 내역	결제 수단	금액
				원
				원
				원
				원
				원
				원
			총지출	원

혜택 / 낭비

혜택	
낭비	

카드 사용액

	원
	원

결제 수단

현금	카드	저축	기타
원	원	원	

칭찬 / 반성

칭찬:

반성:

하루 가계부

27
TUE

소비 계획

오늘 예산: 원

☐	원	☐	원
☐	원	☐	원

지출

대분류	소분류	사용처 및 내역	결제 수단	금액
				원
				원
				원
				원
				원
				원
			총지출	원

혜택 / 낭비

혜택	
낭비	

카드 사용액

	원
	원

결제 수단

현금	카드	저축	기타
원	원	원	

칭찬 / 반성

칭찬:

반성:

하루 가계부

28
WED

소비 계획

오늘 예산: 원

☐	원	☐	원
☐	원	☐	원

지출

대분류	소분류	사용처 및 내역	결제 수단	금액
				원
				원
				원
				원
				원
				원
			총지출	원

혜택 / 낭비

혜택	
낭비	

카드 사용액

	원
	원

결제 수단

현금	카드	저축	기타
원	원	원	

칭찬 / 반성

칭찬:

반성:

일주일 마무리

2월 다섯째 주 (2. 26 ~ 2. 28)

분류별 분석

대분류	금액	지난주	↑↓	예산 잔액	피드백
	원	원		원	
	원	원		원	
	원	원		원	
	원	원		원	
	원	원		원	
	원	원		원	
	원	원		원	
합계	원	원		원	

혜택 / 낭비

혜택	
낭비	
피드백	

결제 수단별 총지출액

현금	카드	저축	기타
원	원	원	

카드 사용액

	원		원		원

이번 주 마무리 및 다음 주 소비 계획

- ☐
- ☐
- ☐
- ☐

고정 지출 결산

대분류	결산	예산	↑↓	피드백
	원	원		
	원	원		
	원	원		
	원	원		
	원	원		
	원	원		
	원	원		
합계	원	원		

변동 지출 결산

대분류	결산	예산	↑↓	피드백
	원	원		
	원	원		
	원	원		
	원	원		
	원	원		
	원	원		
	원	원		
	원	원		
	원	원		
	원	원		
합계	원	원		

02 FEBRUARY

수입 · 지출 · 저축 총결산

수입	원	지출	원	현금	원	저축	원
				카드	원		
기타							

혜택 / 낭비

혜택	
낭비	
피드백	

카드 사용액

	원		원		원

이번 달 마무리 및 꿈 목록 체크

이번 달 꿈 목록 현황	다음 달 집중해야 할 꿈 목록

2018 CASH BOOK

3

MARCH

3

MARCH

S	M	T	W	T	F	S
				1 삼일절	2 정월대보름 음 1.15	3
4	5	6	7	8	9	10
11	12	13	14 화이트데이	15	16	17 음 2.1
18	19	20	21 춘분	22	23	24
25	26	27	28	29	30	31 음 2.15

수입 및 지출 계획	
수입	원
지출	원

개인적 목표

재정적 목표

소비 체크 리스트

☐	☐	☐

대분류	예산	고정 지출 계획	날짜	결제 수단	확인
	원				
	원				
	원				
	원				
	원				
	원				
	원				
합계	원				

대분류	예산	변동 지출 계획
	원	
	원	
	원	
	원	
	원	
	원	
	원	
	원	
	원	
	원	
합계	원	

하루 가계부

1

THU

소비 계획

오늘 예산: 원

☐	원	☐	원
☐	원	☐	원

지출

대분류	소분류	사용처 및 내역	결제 수단	금액
				원
				원
				원
				원
				원
				원
			총지출	원

혜택 / 낭비

혜택	
낭비	

카드 사용액

	원
	원

결제 수단

현금	카드	저축	기타
원	원	원	

칭찬 / 반성

칭찬:

반성:

하루 가계부

2
FRI

소비 계획

오늘 예산: 원

☐	원	☐	원
☐	원	☐	원

지출

대분류	소분류	사용처 및 내역	결제 수단	금액
				원
				원
				원
				원
				원
				원
			총지출	원

혜택 / 낭비

혜택	
낭비	

카드 사용액

	원
	원

결제 수단

현금	카드	저축	기타
원	원	원	

칭찬 / 반성

칭찬:

반성:

하루 가계부

3
SAT

소비 계획

오늘 예산: 원

☐	원	☐	원
☐	원	☐	원

지출

대분류	소분류	사용처 및 내역	결제 수단	금액
				원
				원
				원
				원
				원
				원
			총지출	원

혜택 / 낭비

혜택	
낭비	

카드 사용액

	원
	원

결제 수단

현금	카드	저축	기타
원	원	원	

칭찬 / 반성

칭찬:

반성:

4
SUN

소비 계획

오늘 예산: 원

☐	원	☐	원
☐	원	☐	원

지출

대분류	소분류	사용처 및 내역	결제 수단	금액
				원
				원
				원
				원
				원
				원
			총지출	원

혜택 / 낭비

혜택	
낭비	

카드 사용액

	원
	원

결제 수단

현금	카드	저축	기타
원	원	원	

칭찬 / 반성

칭찬:

반성:

일주일 마무리

3월 첫째 주(3. 1 ~ 3. 4)

분류별 분석

대분류	금액	지난주	↑↓	예산 잔액	피드백
	원	원		원	
	원	원		원	
	원	원		원	
	원	원		원	
	원	원		원	
	원	원		원	
	원	원		원	
합계	원	원		원	

혜택 / 낭비

혜택	
낭비	
피드백	

결제 수단별 총지출액

현금	카드	저축	기타
원	원	원	

카드 사용액

	원		원		원

이번 주 마무리 및 다음 주 소비 계획

☐
☐
☐
☐

하루 가계부

5
MON

소비 계획

오늘 예산: 원

☐	원	☐	원
☐	원	☐	원

지출

대분류	소분류	사용처 및 내역	결제 수단	금액
				원
				원
				원
				원
				원
				원
			총지출	원

혜택 / 낭비

혜택	
낭비	

카드 사용액

	원
	원

결제 수단

현금	카드	저축	기타
원	원	원	

칭찬 / 반성

칭찬:

반성:

하루 가계부

6
TUE

소비 계획

오늘 예산: 원

☐	원	☐	원
☐	원	☐	원

지출

대분류	소분류	사용처 및 내역	결제 수단	금액
				원
				원
				원
				원
				원
				원
			총지출	원

혜택 / 낭비

혜택	
낭비	

카드 사용액

	원
	원

결제 수단

현금	카드	저축	기타
원	원	원	

칭찬 / 반성

칭찬:

반성:

하루 가계부

7
WED

소비 계획

오늘 예산: 원

☐	원	☐	원
☐	원	☐	원

지출

대분류	소분류	사용처 및 내역	결제 수단	금액
				원
				원
				원
				원
				원
				원
			총지출	원

혜택 / 낭비

혜택	
낭비	

카드 사용액

	원
	원

결제 수단

현금	카드	저축	기타
원	원	원	

칭찬 / 반성

칭찬:

반성:

하루 가계부

8
THU

소비 계획

오늘 예산: 원

☐	원	☐	원
☐	원	☐	원

지출

대분류	소분류	사용처 및 내역	결제 수단	금액
				원
				원
				원
				원
				원
				원
			총지출	원

혜택 / 낭비

혜택	
낭비	

카드 사용액

	원
	원

결제 수단

현금	카드	저축	기타
원	원	원	

칭찬 / 반성

칭찬:

반성:

하루 가계부

9
FRI

소비 계획

오늘 예산: 원

☐	원	☐	원
☐	원	☐	원

지출

대분류	소분류	사용처 및 내역	결제 수단	금액
				원
				원
				원
				원
				원
				원
			총지출	원

혜택 / 낭비

혜택	
낭비	

카드 사용액

	원
	원

결제 수단

현금	카드	저축	기타
원	원	원	

칭찬 / 반성

칭찬:

반성:

하루 가계부

10
SAT

소비 계획

오늘 예산: 원

☐	원	☐	원
☐	원	☐	원

지출

대분류	소분류	사용처 및 내역	결제 수단	금액
				원
				원
				원
				원
				원
				원
			총지출	원

혜택 / 낭비

혜택	
낭비	

카드 사용액

	원
	원

결제 수단

현금	카드	저축	기타
원	원	원	

칭찬 / 반성

칭찬:

반성:

하루 가계부

11
SUN

소비 계획

오늘 예산: 원

☐	원	☐	원
☐	원	☐	원

지출

대분류	소분류	사용처 및 내역	결제 수단	금액
				원
				원
				원
				원
				원
				원
			총지출	원

혜택 / 낭비

혜택	
낭비	

카드 사용액

	원
	원

결제 수단

현금	카드	저축	기타
원	원	원	

칭찬 / 반성

칭찬:

반성:

일주일 마무리

3월 둘째 주(3. 5 ~ 3. 11)

분류별 분석

대분류	금액	지난주	↑↓	예산 잔액	피드백
	원	원		원	
	원	원		원	
	원	원		원	
	원	원		원	
	원	원		원	
	원	원		원	
	원	원		원	
합계	원	원		원	

혜택 / 낭비

혜택	
낭비	
피드백	

결제 수단별 총지출액

현금	카드	저축	기타
원	원	원	

카드 사용액

	원		원		원

이번 주 마무리 및 다음 주 소비 계획

☐
☐
☐
☐

하루 가계부

12
MON

소비 계획

오늘 예산: 원

☐	원	☐	원
☐	원	☐	원

지출

대분류	소분류	사용처 및 내역	결제 수단	금액
				원
				원
				원
				원
				원
				원
			총지출	원

혜택 / 낭비

혜택	
낭비	

카드 사용액

	원
	원

결제 수단

현금	카드	저축	기타
원	원	원	

칭찬 / 반성

칭찬:

반성:

하루 가계부

13
TUE

소비 계획

오늘 예산: 원

☐	원	☐	원
☐	원	☐	원

지출

대분류	소분류	사용처 및 내역	결제 수단	금액
				원
				원
				원
				원
				원
				원
			총지출	원

혜택 / 낭비

혜택	
낭비	

카드 사용액

	원
	원

결제 수단

현금	카드	저축	기타
원	원	원	

칭찬 / 반성

칭찬:

반성:

하루 가계부

14
WED

소비 계획

오늘 예산: 원

☐	원	☐	원
☐	원	☐	원

지출

대분류	소분류	사용처 및 내역	결제 수단	금액
				원
				원
				원
				원
				원
				원
			총지출	원

혜택 / 낭비

혜택	
낭비	

카드 사용액

	원
	원

결제 수단

현금	카드	저축	기타
원	원	원	

칭찬 / 반성

칭찬:

반성:

하루 가계부

15
THU

소비 계획

오늘 예산: 원

☐	원	☐	원
☐	원	☐	원

지출

대분류	소분류	사용처 및 내역	결제 수단	금액
				원
				원
				원
				원
				원
				원
			총지출	원

혜택 / 낭비

혜택	
낭비	

카드 사용액

	원
	원

결제 수단

현금	카드	저축	기타
원	원	원	

칭찬 / 반성

칭찬:

반성:

하루 가계부

16
FRI

소비 계획

오늘 예산: 원

☐	원	☐	원
☐	원	☐	원

지출

대분류	소분류	사용처 및 내역	결제 수단	금액
				원
				원
				원
				원
				원
				원
			총지출	원

혜택 / 낭비

혜택	
낭비	

카드 사용액

	원
	원

결제 수단

현금	카드	저축	기타
원	원	원	

칭찬 / 반성

칭찬:

반성:

하루 가계부

17
SAT

소비 계획

오늘 예산: 원

☐	원	☐	원
☐	원	☐	원

지출

대분류	소분류	사용처 및 내역	결제 수단	금액
				원
				원
				원
				원
				원
				원
			총지출	원

혜택 / 낭비

혜택	
낭비	

카드 사용액

	원
	원

결제 수단

현금	카드	저축	기타
원	원	원	

칭찬 / 반성

칭찬:

반성:

하루 가계부

18
SUN

소비 계획

오늘 예산: 원

□	원	□	원
□	원	□	원

지출

대분류	소분류	사용처 및 내역	결제 수단	금액
				원
				원
				원
				원
				원
				원
			총지출	원

혜택 / 낭비

혜택	
낭비	

카드 사용액

	원
	원

결제 수단

현금	카드	저축	기타
원	원	원	

칭찬 / 반성

칭찬:

반성:

3월 셋째 주(3. 12 ~ 3. 18)

분류별 분석

대분류	금액	지난주	↑↓	예산 잔액	피드백
	원	원		원	
	원	원		원	
	원	원		원	
	원	원		원	
	원	원		원	
	원	원		원	
	원	원		원	
합계	원	원		원	

혜택 / 낭비

혜택	
낭비	
피드백	

결제 수단별 총지출액

현금	카드	저축	기타
원	원	원	

카드 사용액

	원		원		원

이번 주 마무리 및 다음 주 소비 계획

☐
☐
☐
☐

하루 가계부

19
MON

소비 계획

오늘 예산: 원

☐	원	☐	원
☐	원	☐	원

지출

대분류	소분류	사용처 및 내역	결제 수단	금액
				원
				원
				원
				원
				원
				원
			총지출	원

혜택 / 낭비

혜택	
낭비	

카드 사용액

	원
	원

결제 수단

현금	카드	저축	기타
원	원	원	

칭찬 / 반성

칭찬:

반성:

하루 가계부

20
TUE

소비 계획

오늘 예산: 원

☐	원	☐	원
☐	원	☐	원

지출

대분류	소분류	사용처 및 내역	결제 수단	금액
				원
				원
				원
				원
				원
				원
			총지출	원

혜택 / 낭비

혜택	
낭비	

카드 사용액

	원
	원

결제 수단

현금	카드	저축	기타
원	원	원	

칭찬 / 반성

칭찬:

반성:

하루 가계부

21
WED

소비 계획

오늘 예산: 원

☐	원	☐	원
☐	원	☐	원

지출

대분류	소분류	사용처 및 내역	결제 수단	금액
				원
				원
				원
				원
				원
				원
			총지출	원

혜택 / 낭비

혜택	
낭비	

카드 사용액

	원
	원

결제 수단

현금	카드	저축	기타
원	원	원	

칭찬 / 반성

칭찬:

반성:

하루 가계부

22
THU

소비 계획

오늘 예산: 원

☐	원	☐	원
☐	원	☐	원

지출

대분류	소분류	사용처 및 내역	결제 수단	금액
				원
				원
				원
				원
				원
				원
			총지출	원

혜택 / 낭비

혜택	
낭비	

카드 사용액

	원
	원

결제 수단

현금	카드	저축	기타
원	원	원	

칭찬 / 반성

칭찬:

반성:

하루 가계부

23
FRI

소비 계획

오늘 예산: 원

☐	원	☐	원
☐	원	☐	원

지출

대분류	소분류	사용처 및 내역	결제 수단	금액
				원
				원
				원
				원
				원
				원
			총지출	원

혜택 / 낭비

혜택	
낭비	

카드 사용액

	원
	원

결제 수단

현금	카드	저축	기타
원	원	원	

칭찬 / 반성

칭찬:

반성:

하루 가계부

24
SAT

소비 계획

오늘 예산: 원

☐	원	☐	원
☐	원	☐	원

지출

대분류	소분류	사용처 및 내역	결제 수단	금액
				원
				원
				원
				원
				원
				원
			총지출	원

혜택 / 낭비

혜택	
낭비	

카드 사용액

	원
	원

결제 수단

현금	카드	저축	기타
원	원	원	

칭찬 / 반성

칭찬:

반성:

하루 가계부

25
SUN

소비 계획

오늘 예산: 원

☐	원	☐	원
☐	원	☐	원

지출

대분류	소분류	사용처 및 내역	결제 수단	금액
				원
				원
				원
				원
				원
				원
			총지출	원

혜택 / 낭비

혜택	
낭비	

카드 사용액

	원
	원

결제 수단

현금	카드	저축	기타
원	원	원	

칭찬 / 반성

칭찬:

반성:

3월 넷째 주(3. 19 ~ 3. 25)

분류별 분석

대분류	금액	지난주	↑↓	예산 잔액	피드백
	원	원		원	
	원	원		원	
	원	원		원	
	원	원		원	
	원	원		원	
	원	원		원	
	원	원		원	
합계	원	원		원	

혜택 / 낭비

혜택	
낭비	
피드백	

결제 수단별 총지출액

현금	카드	저축	기타
원	원	원	

카드 사용액

	원		원		원

이번 주 마무리 및 다음 주 소비 계획

☐
☐
☐
☐

하루 가계부

26
MON

소비 계획

오늘 예산: 원

☐	원	☐	원
☐	원	☐	원

지출

대분류	소분류	사용처 및 내역	결제 수단	금액
				원
				원
				원
				원
				원
				원
			총지출	원

혜택 / 낭비

혜택	
낭비	

카드 사용액

	원
	원

결제 수단

현금	카드	저축	기타
원	원	원	

칭찬 / 반성

칭찬:

반성:

27
TUE

소비 계획

오늘 예산: 원

☐	원	☐	원
☐	원	☐	원

지출

대분류	소분류	사용처 및 내역	결제 수단	금액
				원
				원
				원
				원
				원
				원
			총지출	원

혜택 / 낭비

혜택	
낭비	

카드 사용액

	원
	원

결제 수단

현금	카드	저축	기타
원	원	원	

칭찬 / 반성

칭찬:

반성:

하루 가계부

28
WED

소비 계획

오늘 예산: 원

☐	원	☐	원
☐	원	☐	원

지출

대분류	소분류	사용처 및 내역	결제 수단	금액
				원
				원
				원
				원
				원
				원
			총지출	원

혜택 / 낭비

혜택	
낭비	

카드 사용액

	원
	원

결제 수단

현금	카드	저축	기타
원	원	원	

칭찬 / 반성

칭찬:

반성:

하루 가계부

29
THU

소비 계획

오늘 예산: 원

☐	원	☐	원
☐	원	☐	원

지출

대분류	소분류	사용처 및 내역	결제 수단	금액
				원
				원
				원
				원
				원
				원
			총지출	원

혜택 / 낭비

혜택	
낭비	

카드 사용액

	원
	원

결제 수단

현금	카드	저축	기타
원	원	원	

칭찬 / 반성

칭찬:

반성:

하루 가계부

30
FRI

소비 계획

오늘 예산: 원

□	원	□	원
□	원	□	원

지출

대분류	소분류	사용처 및 내역	결제 수단	금액
				원
				원
				원
				원
				원
				원
			총지출	원

혜택 / 낭비

혜택	
낭비	

카드 사용액

	원
	원

결제 수단

현금	카드	저축	기타
원	원	원	

칭찬 / 반성

칭찬:

반성:

하루 가계부

31
SAT

소비 계획

오늘 예산: 원

□	원	□	원
□	원	□	원

지출

대분류	소분류	사용처 및 내역	결제 수단	금액
				원
				원
				원
				원
				원
				원
			총지출	원

혜택 / 낭비

혜택	
낭비	

카드 사용액

	원
	원

결제 수단

현금	카드	저축	기타
원	원	원	

칭찬 / 반성

칭찬:

반성:

3월 다섯째 주 (3. 26 ~ 3. 31)

분류별 분석

대분류	금액	지난주	↑↓	예산 잔액	피드백
	원	원		원	
	원	원		원	
	원	원		원	
	원	원		원	
	원	원		원	
	원	원		원	
	원	원		원	
합계	원	원		원	

혜택 / 낭비

혜택	
낭비	
피드백	

결제 수단별 총지출액

현금	카드	저축	기타
원	원	원	

카드 사용액

	원		원		원

이번 주 마무리 및 다음 주 소비 계획

☐
☐
☐
☐

가계부 잘 쓰는 방법 2

목적 통장을 적극적으로 활용하세요

예전에는 평소에 원함 소비, 필요 소비 항목이 생기면 일단 먼저 구매하고 해당 금액을 메우기 위해 절약과 저축을 하고 수입에 더 신경 써야 했습니다. 뒷일을 감당해야 하니 결제했던 그 당시만 행복지수가 높았어요. 이같이 뫼비우스의 띠처럼 이어지는 소비 악순환을 줄이기 위해 먼저 구매하고 싶은 항목에 대한 정보를 파악한 후 목표를 세워 일정 금액을 저축하기 시작했습니다. 예를 들어 원함 소비 항목이었던 신발 가격이 17만 원이라면 예전에는 신발 살 돈에 여유가 없음에도 우선 결제부터 하고 남은 기간 동안 돈을 아끼며 수지타산을 맞추며 생활했습니다. 지금은 한 달을 시작하기 전에 미리 2~3만 원은 신발을 위해 저축하고 평소에도 하루 소비 계획 예산에서 돈이 남으면 신발을 위해 따로 모아둡니다. 2~3개월 모으면 오로지 신발 구매를 위한 돈이 10만 원 정도 생기고, 모자란 금액 7만 원은 실생활 소비에서 마련하는 것입니다. 이렇게 하면 실생활비 17만 원을 한 번에 소비하는 것보다 덜 부담스럽죠. 하루라도 빨리 갖고 싶으면 불필요한 소비를 줄여 목표에 다가갈 수도 있습니다. 저는 이 방법을 통해 신발, 화장품, 핸드폰, 렌즈 등을 샀는데, 실생활에서 지출 폭이 커지지 않고 무리한 소비에 대한 후유증도 없었습니다. 또한 물건에 대한 애착도 커져서 더 잘 사용하고 있습니다. 처음 해보는 시도라 낯설 수 있지만 습관으로 만들어지면 소비와 삶의 질이 높아진다고 당당하게 말씀드릴 수 있어요. 돈이 없다고 갖고 싶은 걸 무조건 포기하지는 마세요.

비상금을 소비 계획에 넣으세요

아무리 철저하게 소비 계획을 세웠더라도 언제 어디서 무슨 일이 생길지 모릅니다. 무지출을 하겠다는 다짐은 생각지도 못한 지출이 생기거나 하지 않아도 될 소비가 갑작스레 발생해 실패로 이어지기 십상입니다. 이때 비상금을 소비 계획의 보험 개념으로 생각해보세요. 비상금은 따로 대분류 항목을 만들어 사용해도 됩니다. 또는 한 달 예산을 계획할 때 '식비' 항목이 10만 원이면, 그 안에서 임의로 비상금을 확보하는 것도 좋아요. 비상금 유무는 개인 성향에 따라서 달라집니다. 평소 빡빡한 소비를 선호하면 비상금보다는 소비 계획에 집중하고, 그게 아니라면 비상금으로 심리적 부담을 줄이는 것도 방법입니다. 친구와 저녁 약속이 있을 때 소비 계획을 식비 8,000원, 비상금 5,000원으로 정했다고 가정해보겠습니다. 이때 실제 식비로 1만 원을 썼다면 비상금에서 2,000원을 추가로 사용한 거겠죠. 그렇다면 다음에 친구를 만날 때는 이날 비상금을 소비했던 것을 반영하여 식비 계획을 조금 늘리면 됩니다.

고정 지출 결산

대분류	결산	예산	↑↓	피드백
	원	원		
	원	원		
	원	원		
	원	원		
	원	원		
	원	원		
	원	원		
합계	원	원		

변동 지출 결산

대분류	결산	예산	↑↓	피드백
	원	원		
	원	원		
	원	원		
	원	원		
	원	원		
	원	원		
	원	원		
	원	원		
	원	원		
	원	원		
합계	원	원		

03 MARCH

수입 · 지출 · 저축 총결산

수입	원	지출	원	현금	원	저축	원
				카드	원		
기타							

혜택 / 낭비

혜택	
낭비	
피드백	

카드 사용액

	원		원		원

이번 달 마무리 및 꿈 목록 체크

이번 달 꿈 목록 현황	다음 달 집중해야 할 꿈 목록

2018 CASH BOOK

4

APRIL

한달계획

4

APRIL

2018

S	M	T	W	T	F	S
1	2	3	4	5 식목일	6	7
8	9	10	11	12	13	14
15	16 음 3.1	17	18	19	20	21
22	23	24	25	26	27	28
29	30 음 3.15					

수입 및 지출 계획	
수입	원
지출	원

개인적 목표

재정적 목표

소비 체크 리스트		
☐	☐	☐

대분류	예산	고정 지출 계획	날짜	결제 수단	확인
	원				
	원				
	원				
	원				
	원				
	원				
	원				
합계	원				

대분류	예산	변동 지출 계획
	원	
	원	
	원	
	원	
	원	
	원	
	원	
	원	
	원	
	원	
합계	원	

하루 가계부

1
SUN

소비 계획

오늘 예산: 원

☐	원	☐	원
☐	원	☐	원

지출

대분류	소분류	사용처 및 내역	결제 수단	금액
				원
				원
				원
				원
				원
				원
			총지출	원

혜택 / 낭비

혜택	
낭비	

카드 사용액

	원
	원

결제 수단

현금	카드	저축	기타
원	원	원	

칭찬 / 반성

칭찬:

반성:

하루 가계부

2
MON

소비 계획

오늘 예산: 원

☐	원	☐	원
☐	원	☐	원

지출

대분류	소분류	사용처 및 내역	결제 수단	금액
				원
				원
				원
				원
				원
				원
			총지출	원

혜택 / 낭비

혜택	
낭비	

카드 사용액

	원
	원

결제 수단

현금	카드	저축	기타
원	원	원	

칭찬 / 반성

칭찬:

반성:

하루 가계부

3
TUE

소비 계획
오늘 예산: 원

☐	원	☐	원
☐	원	☐	원

지출

대분류	소분류	사용처 및 내역	결제 수단	금액
				원
				원
				원
				원
				원
				원
			총지출	원

혜택 / 낭비

혜택	
낭비	

카드 사용액

	원
	원

결제 수단

현금	카드	저축	기타
원	원	원	

칭찬 / 반성

칭찬:

반성:

하루 가계부

4
WED

소비 계획

오늘 예산: 원

☐	원	☐	원
☐	원	☐	원

지출

대분류	소분류	사용처 및 내역	결제 수단	금액
				원
				원
				원
				원
				원
				원
			총지출	원

혜택 / 낭비

혜택	
낭비	

카드 사용액

	원
	원

결제 수단

현금	카드	저축	기타
원	원	원	

칭찬 / 반성

칭찬:

반성:

하루 가계부

5
THU

소비 계획

오늘 예산: 원

☐	원	☐	원
☐	원	☐	원

지출

대분류	소분류	사용처 및 내역	결제 수단	금액
				원
				원
				원
				원
				원
				원
			총지출	원

혜택 / 낭비

혜택	
낭비	

카드 사용액

	원
	원

결제 수단

현금	카드	저축	기타
원	원	원	

칭찬 / 반성

칭찬:

반성:

6
FRI

소비 계획

오늘 예산: 원

☐	원	☐	원
☐	원	☐	원

지출

대분류	소분류	사용처 및 내역	결제 수단	금액
				원
				원
				원
				원
				원
				원
			총지출	원

혜택 / 낭비

혜택	
낭비	

카드 사용액

	원
	원

결제 수단

현금	카드	저축	기타
원	원	원	

칭찬 / 반성

칭찬:

반성:

하루 가계부

7
SAT

소비 계획

오늘 예산: 원

☐	원	☐	원
☐	원	☐	원

지출

대분류	소분류	사용처 및 내역	결제 수단	금액
				원
				원
				원
				원
				원
				원
			총지출	원

혜택 / 낭비

혜택	
낭비	

카드 사용액

	원
	원

결제 수단

현금	카드	저축	기타
원	원	원	

칭찬 / 반성

칭찬:

반성:

하루 가계부

8
SUN

소비 계획

오늘 예산: 원

☐	원	☐	원
☐	원	☐	원

지출

대분류	소분류	사용처 및 내역	결제 수단	금액
				원
				원
				원
				원
				원
				원
			총지출	원

혜택 / 낭비

혜택	
낭비	

카드 사용액

	원
	원

결제 수단

현금	카드	저축	기타
원	원	원	

칭찬 / 반성

칭찬:

반성:

일주일 마무리

4월 첫째 주(4. 1 ~ 4. 8)

분류별 분석

대분류	금액	지난주	↑↓	예산 잔액	피드백
	원	원		원	
	원	원		원	
	원	원		원	
	원	원		원	
	원	원		원	
	원	원		원	
	원	원		원	
합계	원	원		원	

혜택 / 낭비

혜택	
낭비	
피드백	

결제 수단별 총지출액

현금	카드	저축	기타
원	원	원	

카드 사용액

	원		원		원

이번 주 마무리 및 다음 주 소비 계획

☐
☐
☐
☐

9
MON

소비 계획

오늘 예산: 원

☐	원	☐	원
☐	원	☐	원

지출

대분류	소분류	사용처 및 내역	결제 수단	금액
				원
				원
				원
				원
				원
				원
			총지출	원

혜택 / 낭비

혜택	
낭비	

카드 사용액

	원
	원

결제 수단

현금	카드	저축	기타
원	원	원	

칭찬 / 반성

칭찬:

반성:

하루 가계부

10
TUE

소비 계획

오늘 예산: 원

☐	원	☐	원
☐	원	☐	원

지출

대분류	소분류	사용처 및 내역	결제 수단	금액
				원
				원
				원
				원
				원
				원
			총지출	원

혜택 / 낭비

혜택	
낭비	

카드 사용액

	원
	원

결제 수단

현금	카드	저축	기타
원	원	원	

칭찬 / 반성

칭찬:

반성:

하루 가계부

11
WED

소비 계획

오늘 예산: 원

☐	원	☐	원
☐	원	☐	원

지출

대분류	소분류	사용처 및 내역	결제 수단	금액
				원
				원
				원
				원
				원
				원
			총지출	원

혜택 / 낭비

혜택	
낭비	

카드 사용액

	원
	원

결제 수단

현금	카드	저축	기타
원	원	원	

칭찬 / 반성

칭찬:

반성:

하루 가계부

12
THU

소비 계획

오늘 예산: 원

☐	원	☐	원
☐	원	☐	원

지출

대분류	소분류	사용처 및 내역	결제 수단	금액
				원
				원
				원
				원
				원
				원
			총지출	원

혜택 / 낭비

혜택	
낭비	

카드 사용액

	원
	원

결제 수단

현금	카드	저축	기타
원	원	원	

칭찬 / 반성

칭찬:

반성:

하루 가계부

13
FRI

소비 계획

오늘 예산: 원

□	원	□	원
□	원	□	원

지출

대분류	소분류	사용처 및 내역	결제 수단	금액
				원
				원
				원
				원
				원
				원
			총지출	원

혜택 / 낭비

혜택	
낭비	

카드 사용액

	원
	원

결제 수단

현금	카드	저축	기타
원	원	원	

칭찬 / 반성

칭찬:

반성:

하루 가계부

14
SAT

소비 계획

오늘 예산: 원

☐	원	☐	원
☐	원	☐	원

지출

대분류	소분류	사용처 및 내역	결제 수단	금액
				원
				원
				원
				원
				원
				원
			총지출	원

혜택 / 낭비

혜택	
낭비	

카드 사용액

	원
	원

결제 수단

현금	카드	저축	기타
원	원	원	

칭찬 / 반성

칭찬:

반성:

하루 가계부

15
SUN

소비 계획

오늘 예산: 원

☐	원	☐	원
☐	원	☐	원

지출

대분류	소분류	사용처 및 내역	결제 수단	금액
				원
				원
				원
				원
				원
				원
			총지출	원

혜택 / 낭비

혜택	
낭비	

카드 사용액

	원
	원

결제 수단

현금	카드	저축	기타
원	원	원	

칭찬 / 반성

칭찬:

반성:

4월 둘째 주(4. 9 ~ 4. 15)

분류별 분석

대분류	금액	지난주	↑↓	예산 잔액	피드백
	원	원		원	
	원	원		원	
	원	원		원	
	원	원		원	
	원	원		원	
	원	원		원	
	원	원		원	
합계	원	원		원	

혜택 / 낭비

혜택	
낭비	
피드백	

결제 수단별 총지출액

현금	카드	저축	기타
원	원	원	

카드 사용액

	원		원		원

이번 주 마무리 및 다음 주 소비 계획

- [ ]
- [ ]
- [ ]
- [ ]

하루 가계부

16
MON

소비 계획

오늘 예산: 원

☐	원	☐	원
☐	원	☐	원

지출

대분류	소분류	사용처 및 내역	결제 수단	금액
				원
				원
				원
				원
				원
				원
			총지출	원

혜택 / 낭비

혜택	
낭비	

카드 사용액

	원
	원

결제 수단

현금	카드	저축	기타
원	원	원	

칭찬 / 반성

칭찬:

반성:

17
TUE

소비 계획

오늘 예산: 원

☐	원	☐	원
☐	원	☐	원

지출

대분류	소분류	사용처 및 내역	결제 수단	금액
				원
				원
				원
				원
				원
				원
			총지출	원

혜택 / 낭비

혜택	
낭비	

카드 사용액

	원
	원

결제 수단

현금	카드	저축	기타
원	원	원	

칭찬 / 반성

칭찬:

반성:

하루 가계부

18
WED

소비 계획

오늘 예산: 원

☐	원	☐	원
☐	원	☐	원

지출

대분류	소분류	사용처 및 내역	결제 수단	금액
				원
				원
				원
				원
				원
				원
			총지출	원

혜택 / 낭비

혜택	
낭비	

카드 사용액

	원
	원

결제 수단

현금	카드	저축	기타
원	원	원	

칭찬 / 반성

칭찬:

반성:

하루 가계부

19
THU

소비 계획

오늘 예산: 원

☐	원	☐	원
☐	원	☐	원

지출

대분류	소분류	사용처 및 내역	결제 수단	금액
				원
				원
				원
				원
				원
				원
			총지출	원

혜택 / 낭비

혜택	
낭비	

카드 사용액

	원
	원

결제 수단

현금	카드	저축	기타
원	원	원	

칭찬 / 반성

칭찬:

반성:

하루 가계부

20
FRI

소비 계획

오늘 예산: 원

☐	원	☐	원
☐	원	☐	원

지출

대분류	소분류	사용처 및 내역	결제 수단	금액
				원
				원
				원
				원
				원
				원
			총지출	원

혜택 / 낭비

혜택	
낭비	

카드 사용액

	원
	원

결제 수단

현금	카드	저축	기타
원	원	원	

칭찬 / 반성

칭찬:

반성:

21
SAT

소비 계획

오늘 예산: 원

☐	원	☐	원
☐	원	☐	원

지출

대분류	소분류	사용처 및 내역	결제 수단	금액
				원
				원
				원
				원
				원
				원
			총지출	원

혜택 / 낭비

혜택	
낭비	

카드 사용액

	원
	원

결제 수단

현금	카드	저축	기타
원	원	원	

칭찬 / 반성

칭찬:

반성:

하루 가계부

22
SUN

소비 계획

오늘 예산: 원

☐	원	☐	원
☐	원	☐	원

지출

대분류	소분류	사용처 및 내역	결제 수단	금액
				원
				원
				원
				원
				원
				원
			총지출	원

혜택 / 낭비

혜택	
낭비	

카드 사용액

	원
	원

결제 수단

현금	카드	저축	기타
원	원	원	

칭찬 / 반성

칭찬:

반성:

4월 셋째 주(4. 16 ~ 4. 22)

분류별 분석

대분류	금액	지난주	↑↓	예산 잔액	피드백
	원	원		원	
	원	원		원	
	원	원		원	
	원	원		원	
	원	원		원	
	원	원		원	
	원	원		원	
합계	원	원		원	

혜택 / 낭비

혜택	
낭비	
피드백	

결제 수단별 총지출액

현금	카드	저축	기타
원	원	원	

카드 사용액

	원		원		원

이번 주 마무리 및 다음 주 소비 계획

☐
☐
☐
☐

하루 가계부

23
MON

소비 계획

오늘 예산: 원

☐	원	☐	원
☐	원	☐	원

지출

대분류	소분류	사용처 및 내역	결제 수단	금액
				원
				원
				원
				원
				원
				원
			총지출	원

혜택 / 낭비

혜택	
낭비	

카드 사용액

	원
	원

결제 수단

현금	카드	저축	기타
원	원	원	

칭찬 / 반성

칭찬:

반성:

24
TUE

소비 계획

오늘 예산: 원

☐	원	☐	원
☐	원	☐	원

지출

대분류	소분류	사용처 및 내역	결제 수단	금액
				원
				원
				원
				원
				원
				원
			총지출	원

혜택 / 낭비

혜택	
낭비	

카드 사용액

	원
	원

결제 수단

현금	카드	저축	기타
원	원	원	

칭찬 / 반성

칭찬:

반성:

하루 가계부

25
WED

소비 계획

오늘 예산: 원

☐	원	☐	원
☐	원	☐	원

지출

대분류	소분류	사용처 및 내역	결제 수단	금액
				원
				원
				원
				원
				원
				원
			총지출	원

혜택 / 낭비

혜택	
낭비	

카드 사용액

	원
	원

결제 수단

현금	카드	저축	기타
원	원	원	

칭찬 / 반성

칭찬:

반성:

하루 가계부

26
THU

소비 계획

오늘 예산: 원

☐	원	☐	원
☐	원	☐	원

지출

대분류	소분류	사용처 및 내역	결제 수단	금액
				원
				원
				원
				원
				원
				원
			총지출	원

혜택 / 낭비

혜택	
낭비	

카드 사용액

	원
	원

결제 수단

현금	카드	저축	기타
원	원	원	

칭찬 / 반성

칭찬:

반성:

하루 가계부

27
FRI

소비 계획

오늘 예산: 원

☐	원	☐	원
☐	원	☐	원

지출

대분류	소분류	사용처 및 내역	결제 수단	금액
				원
				원
				원
				원
				원
				원
			총지출	원

혜택 / 낭비

혜택	
낭비	

카드 사용액

	원
	원

결제 수단

현금	카드	저축	기타
원	원	원	

칭찬 / 반성

칭찬:

반성:

하루 가계부

28
SAT

소비 계획

오늘 예산: 원

☐	원	☐	원
☐	원	☐	원

지출

대분류	소분류	사용처 및 내역	결제 수단	금액
				원
				원
				원
				원
				원
				원
			총지출	원

혜택 / 낭비

혜택	
낭비	

카드 사용액

	원
	원

결제 수단

현금	카드	저축	기타
원	원	원	

칭찬 / 반성

칭찬:

반성:

29
SUN

소비 계획

오늘 예산: 원

☐	원	☐	원
☐	원	☐	원

지출

대분류	소분류	사용처 및 내역	결제 수단	금액
				원
				원
				원
				원
				원
				원
			총지출	원

혜택 / 낭비

혜택	
낭비	

카드 사용액

	원
	원

결제 수단

현금	카드	저축	기타
원	원	원	

칭찬 / 반성

칭찬:

반성:

하루 가계부

30
MON

소비 계획

오늘 예산: 원

☐	원	☐	원
☐	원	☐	원

지출

대분류	소분류	사용처 및 내역	결제 수단	금액
				원
				원
				원
				원
				원
				원
			총지출	원

혜택 / 낭비

혜택	
낭비	

카드 사용액

	원
	원

결제 수단

현금	카드	저축	기타
원	원	원	

칭찬 / 반성

칭찬:

반성:

일주일 마무리

4월 넷째 주(4. 23 ~ 4. 30)

분류별 분석

대분류	금액	지난주	↑↓	예산 잔액	피드백
	원	원		원	
	원	원		원	
	원	원		원	
	원	원		원	
	원	원		원	
	원	원		원	
	원	원		원	
합계	원	원		원	

혜택 / 낭비

혜택	
낭비	
피드백	

결제 수단별 총지출액

현금	카드	저축	기타
원	원	원	

카드 사용액

	원		원		원

이번 주 마무리 및 다음 주 소비 계획

☐
☐
☐
☐

가계부 잘 쓰는 방법 3

피드백은 최대한 꼼꼼하게 정리하세요

「하루 가계부」에는 소비에 대한 칭찬과 반성을 적을 수 있는 공간이 있습니다. 대개의 가계부에서는 간단한 메모를 할 수 있는 정도로만 공간을 할애하는 것과는 달리 『처음 가계부』에서는 피드백 공간에 비중을 두었습니다. 돈 관리를 하다 보면 돈 쓰는 것 자체가 안 좋게 여겨질 때가 있습니다. 그러나 나만의 소비 기준을 세우면 돈을 잘 쓸 수 있다는 자신감도 얻을 수 있어요.

칭찬과 반성 피드백 칸에는 그날 하루에 관한 전반적인 이야기도 좋지만, 소비 하나에 칭찬과 반성이 모두 들어가면 훨씬 더 효과가 있어요. 예를 들어 카페에서 커피를 한 잔 소비했다면, 칭찬 피드백에는 '친구와 마신 커피 한 잔으로 오랜만에 추억 이야기를 할 수 있어 좋았다. 카페 포인트 적립도 완료!'라고 쓰고, 반성 피드백에는 '텀블러를 가지고 갔으면 300원 할인이었는데, 귀찮다는 이유로 들고 가지 않은 텀블러가 눈앞에 아른거렸다. 다음부터는 1순위로 텀블러 챙기기!'라고 쓸 수 있습니다. 반성이 없는 삶은 발전이 없습니다. 반성이라고 해서 무조건 부정적인 것은 아닙니다. 객관적으로 소비 내역을 작성했다면, 피드백에서만큼은 감정과 생각을 담은 주관적인 이야기를 녹여보는 걸 추천합니다.

남는 돈이 생기면 또 다른 저축을 시작합니다

가계부 결산을 하면서 예산으로 책정했던 금액에서 가끔 남는 돈이 생길 때도 있습니다. 예전에는 기존에 가입했던 예·적금 저축 상품에 돈을 넣기에도 급급했는데 언젠가부터 추가적으로 저축할 수 있는 여유자금이 조금씩 늘더라고요. 물론 자유 입출금 통장에 남은 금액을 놔둘 수도 있지만 실생활에서 색다른 저축을 해보기로 했습니다. 바로 무지출 통장이에요. 평소에는 지출을 하지 않은 날이면 자축하고 그냥 넘겼는데 한 달에 몇 번 무지출을 하는지 궁금하더라고요. 저축하면 달력에 스탬프를 찍어주는 금융 어플을 이용하여 지출이 없는 날에는 5,000원씩 입금을 했습니다. 커피 한 잔 값이라 넣어도 그만 안 넣어도 그만이라는 느낌이 들었어요. 지금까지 1년 넘게 무지출 통장을 관리하고 있는데 저는 평균 한 달에 12회 무지출을 하더군요. 약 6만 원 정도를 따로 저축하는 셈이었습니다. 무지출을 하루라도 더 하고 싶을 땐 소비할 때 꼼꼼하게 생각해보고 지금 당장 필요하지 않은 건 소비를 며칠 미루거나 대체재를 찾아보기도 합니다. 조금만 부지런하면 기분 좋은 저축 소비로 뿌듯함을 느낄 수 있어요. 무지출 통장 미션으로 발생한 지출은 변동 지출 분류 항목으로 넣으면 됩니다.

고정 지출 결산

대분류	결산	예산	↑↓	피드백
	원	원		
	원	원		
	원	원		
	원	원		
	원	원		
	원	원		
	원	원		
합계	원	원		

변동 지출 결산

대분류	결산	예산	↑↓	피드백
	원	원		
	원	원		
	원	원		
	원	원		
	원	원		
	원	원		
	원	원		
	원	원		
	원	원		
	원	원		
합계	원	원		

04 APRIL

수입 · 지출 · 저축 총결산

수입	원	지출	원	현금	원	저축	원
				카드	원		
기타							

혜택 / 낭비

혜택	
낭비	
피드백	

카드 사용액

	원		원		원

이번 달 마무리 및 꿈 목록 체크

이번 달 꿈 목록 현황	다음 달 집중해야 할 꿈 목록

2018 CASH BOOK

5

MAY

5
MAY

2018

S	M	T	W	T	F	S
		1 근로자의날	2	3	4	5 어린이날
6	7 대체휴일	8 어버이날	9	10	11	12
13	14	15 스승의날 음 4.1	16	17	18	19
20	21 성년의날	22 석가탄신일	23	24	25	26
27	28	29 음 4.15	30	31		

수입 및 지출 계획	
수입	원
지출	원

개인적 목표

재정적 목표

소비 체크 리스트

☐	☐	☐

대분류	예산	고정 지출 계획	날짜	결제 수단	확인
	원				
	원				
	원				
	원				
	원				
	원				
	원				
합계	원				

대분류	예산	변동 지출 계획
	원	
	원	
	원	
	원	
	원	
	원	
	원	
	원	
	원	
	원	
합계	원	

하루 가계부

1
TUE

소비 계획

오늘 예산: 원

☐	원	☐	원
☐	원	☐	원

지출

대분류	소분류	사용처 및 내역	결제 수단	금액
				원
				원
				원
				원
				원
				원
			총지출	원

혜택 / 낭비

혜택	
낭비	

카드 사용액

	원
	원

결제 수단

현금	카드	저축	기타
원	원	원	

칭찬 / 반성

칭찬:

반성:

하루 가계부

2
WED

소비 계획

오늘 예산: 원

☐	원	☐	원
☐	원	☐	원

지출

대분류	소분류	사용처 및 내역	결제 수단	금액
				원
				원
				원
				원
				원
				원
			총지출	원

혜택 / 낭비

혜택	
낭비	

카드 사용액

	원
	원

결제 수단

현금	카드	저축	기타
원	원	원	

칭찬 / 반성

칭찬:

반성:

하루 가계부

3
THU

소비 계획

오늘 예산: 원

☐	원	☐	원
☐	원	☐	원

지출

대분류	소분류	사용처 및 내역	결제 수단	금액
				원
				원
				원
				원
				원
				원
			총지출	원

혜택 / 낭비

혜택	
낭비	

카드 사용액

	원
	원

결제 수단

현금	카드	저축	기타
원	원	원	

칭찬 / 반성

칭찬:

반성:

하루 가계부

4
FRI

소비 계획

오늘 예산: 원

	원		원
☐	원	☐	원
☐	원	☐	원

지출

대분류	소분류	사용처 및 내역	결제 수단	금액
				원
				원
				원
				원
				원
				원
			총지출	원

혜택 / 낭비

혜택	
낭비	

카드 사용액

	원
	원

결제 수단

현금	카드	저축	기타
원	원	원	

칭찬 / 반성

칭찬:

반성:

하루 가계부

5
SAT

소비 계획

오늘 예산: 원

☐	원	☐	원
☐	원	☐	원

지출

대분류	소분류	사용처 및 내역	결제 수단	금액
				원
				원
				원
				원
				원
				원
			총지출	원

혜택 / 낭비

혜택	
낭비	

카드 사용액

	원
	원

결제 수단

현금	카드	저축	기타
원	원	원	

칭찬 / 반성

칭찬:

반성:

하루 가계부

6
SUN

소비 계획

오늘 예산: 원

☐	원	☐	원
☐	원	☐	원

지출

대분류	소분류	사용처 및 내역	결제 수단	금액
				원
				원
				원
				원
				원
				원
			총지출	원

혜택 / 낭비

혜택	
낭비	

카드 사용액

	원
	원

결제 수단

현금	카드	저축	기타
원	원	원	

칭찬 / 반성

칭찬:

반성:

5월 첫째 주(5. 1 ~ 5. 6)

분류별 분석

대분류	금액	지난주	↑↓	예산 잔액	피드백
	원	원		원	
	원	원		원	
	원	원		원	
	원	원		원	
	원	원		원	
	원	원		원	
	원	원		원	
합계	원	원		원	

혜택 / 낭비

혜택	
낭비	
피드백	

결제 수단별 총지출액

현금	카드	저축	기타
원	원	원	

카드 사용액

	원		원		원

이번 주 마무리 및 다음 주 소비 계획

☐
☐
☐
☐

하루 가계부

7
MON

소비 계획

오늘 예산: 원

☐	원	☐	원
☐	원	☐	원

지출

대분류	소분류	사용처 및 내역	결제 수단	금액
				원
				원
				원
				원
				원
				원
			총지출	원

혜택 / 낭비

혜택	
낭비	

카드 사용액

	원
	원

결제 수단

현금	카드	저축	기타
원	원	원	

칭찬 / 반성

칭찬:

반성:

하루 가계부

8
TUE

소비 계획

오늘 예산: 원

☐	원	☐	원
☐	원	☐	원

지출

대분류	소분류	사용처 및 내역	결제 수단	금액
				원
				원
				원
				원
				원
				원
			총지출	원

혜택 / 낭비

혜택	
낭비	

카드 사용액

	원
	원

결제 수단

현금	카드	저축	기타
원	원	원	

칭찬 / 반성

칭찬:

반성:

하루 가계부

9
WED

소비 계획

오늘 예산: 원

☐	원	☐	원
☐	원	☐	원

지출

대분류	소분류	사용처 및 내역	결제 수단	금액
				원
				원
				원
				원
				원
				원
			총지출	원

혜택 / 낭비

혜택	
낭비	

카드 사용액

	원
	원

결제 수단

현금	카드	저축	기타
원	원	원	

칭찬 / 반성

칭찬:

반성:

하루 가계부

10
THU

소비 계획

오늘 예산: 원

☐	원	☐	원
☐	원	☐	원

지출

대분류	소분류	사용처 및 내역	결제 수단	금액
				원
				원
				원
				원
				원
				원
			총지출	원

혜택 / 낭비

혜택	
낭비	

카드 사용액

	원
	원

결제 수단

현금	카드	저축	기타
원	원	원	

칭찬 / 반성

칭찬:

반성:

하루 가계부

11
FRI

소비 계획

오늘 예산: 원

☐	원	☐	원
☐	원	☐	원

지출

대분류	소분류	사용처 및 내역	결제 수단	금액
				원
				원
				원
				원
				원
				원
			총지출	원

혜택 / 낭비

혜택	
낭비	

카드 사용액

	원
	원

결제 수단

현금	카드	저축	기타
원	원	원	

칭찬 / 반성

칭찬:

반성:

하루 가계부

12
SAT

소비 계획

오늘 예산: 원

☐	원	☐	원
☐	원	☐	원

지출

대분류	소분류	사용처 및 내역	결제 수단	금액
				원
				원
				원
				원
				원
				원
			총지출	원

혜택 / 낭비

혜택	
낭비	

카드 사용액

	원
	원

결제 수단

현금	카드	저축	기타
원	원	원	

칭찬 / 반성

칭찬:

반성:

하루 가계부

13
SUN

소비 계획

오늘 예산: 원

☐	원	☐	원
☐	원	☐	원

지출

대분류	소분류	사용처 및 내역	결제 수단	금액
				원
				원
				원
				원
				원
				원
			총지출	원

혜택 / 낭비

혜택	
낭비	

카드 사용액

	원
	원

결제 수단

현금	카드	저축	기타
원	원	원	

칭찬 / 반성

칭찬:

반성:

일주일 마무리

5월 둘째 주(5. 7 ~ 5. 13)

분류별 분석

대분류	금액	지난주	↑↓	예산 잔액	피드백
	원	원		원	
	원	원		원	
	원	원		원	
	원	원		원	
	원	원		원	
	원	원		원	
	원	원		원	
합계	원	원		원	

혜택 / 낭비

혜택	
낭비	
피드백	

결제 수단별 총지출액

현금	카드	저축	기타
원	원	원	

카드 사용액

	원		원		원

이번 주 마무리 및 다음 주 소비 계획

☐
☐
☐
☐

하루 가계부

14
MON

소비 계획

오늘 예산: 원

☐	원	☐	원
☐	원	☐	원

지출

대분류	소분류	사용처 및 내역	결제 수단	금액
				원
				원
				원
				원
				원
				원
			총지출	원

혜택 / 낭비

혜택	
낭비	

카드 사용액

	원
	원

결제 수단

현금	카드	저축	기타
원	원	원	

칭찬 / 반성

칭찬:

반성:

하루 가계부

15

TUE

소비 계획

오늘 예산: 원

☐	원	☐	원
☐	원	☐	원

지출

대분류	소분류	사용처 및 내역	결제 수단	금액
				원
				원
				원
				원
				원
				원
			총지출	원

혜택 / 낭비

혜택	
낭비	

카드 사용액

	원
	원

결제 수단

현금	카드	저축	기타
원	원	원	

칭찬 / 반성

칭찬:

반성:

하루 가계부

16
WED

소비 계획

오늘 예산: 원

☐	원	☐	원
☐	원	☐	원

지출

대분류	소분류	사용처 및 내역	결제 수단	금액
				원
				원
				원
				원
				원
				원
			총지출	원

혜택 / 낭비

혜택	
낭비	

카드 사용액

	원
	원

결제 수단

현금	카드	저축	기타
원	원	원	

칭찬 / 반성

칭찬:

반성:

하루 가계부

17
THU

소비 계획

오늘 예산: 원

☐	원	☐	원
☐	원	☐	원

지출

대분류	소분류	사용처 및 내역	결제 수단	금액
				원
				원
				원
				원
				원
				원
			총지출	원

혜택 / 낭비

혜택	
낭비	

카드 사용액

	원
	원

결제 수단

현금	카드	저축	기타
원	원	원	

칭찬 / 반성

칭찬:

반성:

하루 가계부

18
FRI

소비 계획

오늘 예산: 원

☐	원	☐	원
☐	원	☐	원

지출

대분류	소분류	사용처 및 내역	결제 수단	금액
				원
				원
				원
				원
				원
				원
			총지출	원

혜택 / 낭비

혜택	
낭비	

카드 사용액

	원
	원

결제 수단

현금	카드	저축	기타
원	원	원	

칭찬 / 반성

칭찬:

반성:

하루 가계부

19

SAT

소비 계획

오늘 예산: 원

☐	원	☐	원
☐	원	☐	원

지출

대분류	소분류	사용처 및 내역	결제 수단	금액
				원
				원
				원
				원
				원
				원
			총지출	원

혜택 / 낭비

혜택	
낭비	

카드 사용액

	원
	원

결제 수단

현금	카드	저축	기타
원	원	원	

칭찬 / 반성

칭찬:

반성:

하루 가계부

20
SUN

소비 계획

오늘 예산: 원

☐	원	☐	원
☐	원	☐	원

지출

대분류	소분류	사용처 및 내역	결제 수단	금액
				원
				원
				원
				원
				원
				원
			총지출	원

혜택 / 낭비

혜택	
낭비	

카드 사용액

	원
	원

결제 수단

현금	카드	저축	기타
원	원	원	

칭찬 / 반성

칭찬:

반성:

일주일 마무리

5월 셋째 주(5. 14 ~ 5. 20)

분류별 분석

대분류	금액	지난주	↑↓	예산 잔액	피드백
	원	원		원	
	원	원		원	
	원	원		원	
	원	원		원	
	원	원		원	
	원	원		원	
	원	원		원	
합계	원	원		원	

혜택 / 낭비

혜택	
낭비	
피드백	

결제 수단별 총지출액

현금	카드	저축	기타
원	원	원	

카드 사용액

	원		원		원

이번 주 마무리 및 다음 주 소비 계획

- [ ]
- [ ]
- [ ]
- [ ]

하루 가계부

21
MON

소비 계획

오늘 예산: 원

☐	원	☐	원
☐	원	☐	원

지출

대분류	소분류	사용처 및 내역	결제 수단	금액
				원
				원
				원
				원
				원
				원
			총지출	원

혜택 / 낭비

혜택	
낭비	

카드 사용액

	원
	원

결제 수단

현금	카드	저축	기타
원	원	원	

칭찬 / 반성

칭찬:

반성:

하루 가계부

22
TUE

소비 계획

오늘 예산: 원

☐	원	☐	원
☐	원	☐	원

지출

대분류	소분류	사용처 및 내역	결제 수단	금액
				원
				원
				원
				원
				원
				원
			총지출	원

혜택 / 낭비

혜택	
낭비	

카드 사용액

	원
	원

결제 수단

현금	카드	저축	기타
원	원	원	

칭찬 / 반성

칭찬:

반성:

하루 가계부

23
WED

소비 계획

오늘 예산: 원

☐	원	☐	원
☐	원	☐	원

지출

대분류	소분류	사용처 및 내역	결제 수단	금액
				원
				원
				원
				원
				원
				원
			총지출	원

혜택 / 낭비

혜택	
낭비	

카드 사용액

	원
	원

결제 수단

현금	카드	저축	기타
원	원	원	

칭찬 / 반성

칭찬:

반성:

하루 가계부

24
THU

소비 계획

오늘 예산: 원

☐	원	☐	원
☐	원	☐	원

지출

대분류	소분류	사용처 및 내역	결제 수단	금액
				원
				원
				원
				원
				원
				원
			총지출	원

혜택 / 낭비

혜택	
낭비	

카드 사용액

	원
	원

결제 수단

현금	카드	저축	기타
원	원	원	

칭찬 / 반성

칭찬:

반성:

하루 가계부

25
FRI

소비 계획

오늘 예산: 원

☐	원	☐	원
☐	원	☐	원

지출

대분류	소분류	사용처 및 내역	결제 수단	금액
				원
				원
				원
				원
				원
				원
			총지출	원

혜택 / 낭비

혜택	
낭비	

카드 사용액

	원
	원

결제 수단

현금	카드	저축	기타
원	원	원	

칭찬 / 반성

칭찬:

반성:

하루 가계부

26
SAT

소비 계획

오늘 예산: 원

☐	원	☐	원
☐	원	☐	원

지출

대분류	소분류	사용처 및 내역	결제 수단	금액
				원
				원
				원
				원
				원
				원
			총지출	원

혜택 / 낭비

혜택	
낭비	

카드 사용액

	원
	원

결제 수단

현금	카드	저축	기타
원	원	원	

칭찬 / 반성

칭찬:

반성:

하루 가계부

27
SUN

소비 계획

오늘 예산: 원

☐	원	☐	원
☐	원	☐	원

지출

대분류	소분류	사용처 및 내역	결제 수단	금액
				원
				원
				원
				원
				원
				원
			총지출	원

혜택 / 낭비

혜택	
낭비	

카드 사용액

	원
	원

결제 수단

현금	카드	저축	기타
원	원	원	

칭찬 / 반성

칭찬:

반성:

일주일 마무리

5월 넷째 주(5. 21 ~ 5. 27)

분류별 분석

대분류	금액	지난주	↑↓	예산 잔액	피드백
	원	원		원	
	원	원		원	
	원	원		원	
	원	원		원	
	원	원		원	
	원	원		원	
	원	원		원	
합계	원	원		원	

혜택 / 낭비

혜택	
낭비	
피드백	

결제 수단별 총지출액

현금	카드	저축	기타
원	원	원	

카드 사용액

	원		원		원

이번 주 마무리 및 다음 주 소비 계획

☐
☐
☐
☐

하루 가계부

28

MON

소비 계획

오늘 예산: 원

☐	원	☐	원
☐	원	☐	원

지출

대분류	소분류	사용처 및 내역	결제 수단	금액
				원
				원
				원
				원
				원
				원
			총지출	원

혜택 / 낭비

혜택	
낭비	

카드 사용액

	원
	원

결제 수단

현금	카드	저축	기타
원	원	원	

칭찬 / 반성

칭찬:

반성:

하루 가계부

29
TUE

소비 계획

오늘 예산: 원

☐	원	☐	원
☐	원	☐	원

지출

대분류	소분류	사용처 및 내역	결제 수단	금액
				원
				원
				원
				원
				원
				원
			총지출	원

혜택 / 낭비

혜택	
낭비	

카드 사용액

	원
	원

결제 수단

현금	카드	저축	기타
원	원	원	

칭찬 / 반성

칭찬:

반성:

하루 가계부

30
WED

소비 계획

오늘 예산: 원

☐	원	☐	원
☐	원	☐	원

지출

대분류	소분류	사용처 및 내역	결제 수단	금액
				원
				원
				원
				원
				원
				원
			총지출	원

혜택 / 낭비

혜택	
낭비	

카드 사용액

	원
	원

결제 수단

현금	카드	저축	기타
원	원	원	

칭찬 / 반성

칭찬:

반성:

하루 가계부

31
THU

소비 계획

오늘 예산: 원

☐	원	☐	원
☐	원	☐	원

지출

대분류	소분류	사용처 및 내역	결제 수단	금액
				원
				원
				원
				원
				원
				원
			총지출	원

혜택 / 낭비

혜택	
낭비	

카드 사용액

	원
	원

결제 수단

현금	카드	저축	기타
원	원	원	

칭찬 / 반성

칭찬:

반성:

일주일 마무리

5월 다섯째 주 (5. 28 ~ 5. 31)

분류별 분석

대분류	금액	지난주	↑↓	예산 잔액	피드백
	원	원		원	
	원	원		원	
	원	원		원	
	원	원		원	
	원	원		원	
	원	원		원	
	원	원		원	
합계	원	원		원	

혜택 / 낭비

혜택	
낭비	
피드백	

결제 수단별 총지출액

현금	카드	저축	기타
원	원	원	

카드 사용액

	원		원		원

이번 주 마무리 및 다음 주 소비 계획

☐
☐
☐
☐

가계부 잘 쓰는 방법 4

예산 작성 노하우를 터득하세요

가계부를 처음 쓸 때는 막연해서 예산을 짜는 게 너무 어려웠습니다. 당장 오늘 하루도 어떻게 소비할지 몰랐으니까요. 「하루 가계부」 100회 차가 되면서 하루 소비 계획을 세워 예산에 대한 경험을 해보고 본격적으로 한 달 예산 작성을 시도할 수 있었어요. 저는 예산을 짤 때 다음 달 일정이 있는 다이어리와 이번 달 가계부 결산을 참고합니다. 소비해야 하는 분류 항목 위주로 대략적인 금액을 넣은 다음 총합계를 합니다. 이때 '내가 한 달 동안 이렇게 돈을 많이 쓰나?' 하는 생각과 수입에 비해 예산이 턱없이 많이 나오면 '가계부를 왜 쓰고 있나?' 하는 생각도 스쳐 지나가곤 합니다. 여기서 포기해버리면 자산 관리에 도움이 안 되니 분류 항목을 다시 확인해보면서 조절할 수 있는 부분을 체크하는 것이 중요합니다. 저는 크게 2단계로 진행합니다.

첫 번째, 정말 필요한 항목인지 다시 한 번 생각합니다.

지난번 여행 전 여행지에서 쓸 마스크팩을 새로 구매하려고 했어요. 여행지 숙소에서 밤에 팩 붙이고 친구와 노는 게 왠지 그럴싸해 보였달까요? 하지만 다시 생각해보니 마스크팩 대신 집에 있는 수분 크림을 듬뿍 바르고서 휴식을 취하는 것도 괜찮겠더라고요. 평소 집에서도 마스크팩 하는 게 귀찮아 미뤘는데 과연 여행 때는 할 수 있을지 의문이었고요. 이렇게 생각을 바꾼 결과 최소 1만 원은 절약할 수 있었고 여행지에서는 수분 크림으로 충분히 피부 관리를 할 수 있었습니다. 이런 식으로 스스로에게 질문을 던지면서 내게 필요한 지출만 계획할 수 있습니다.

두 번째, 지금 당장 필요 없으면 다음 달로 소비를 미루거나 이를 위한 목적 통장을 만드세요.

생활용품, 미용, 의류 등에서 구매 목록을 적게 되면 예산이 금방 초과되어 속상해집니다. 그럴 땐 다시 구매 항목을 점검하면서 우선순위를 확인합니다. 기존에 사용하던 USB 포트가 망가져 새로 구매하려고 가격도 알아보았고 구입만 하면 되는 적이 있었습니다. 그런데 생각보다 금액이 비싸길래 USB 포트 구매를 위한 목적 통장을 만들어 돈을 모았어요. 대체재로 멀티탭이 있었기에 돈 모으는 기간 동안은 충분히 버틸 수 있겠더라고요. 그런데 막상 1년이 지나고 돌아보니 USB 포트가 없어도 제 생활에는 아무런 지장이 없더라고요. 결국 USB 포트 구매를 위해 모은 돈은 다른 항목 소비로 옮겼습니다. 예전에는 기존에 사용하던 물품이 고장 나거나 없어지면 일단 구매부터 했는데 예산을 세우면서 그런 조급한 소비는 많이 줄고 대체재를 활용할 수 있게 되었어요. 이렇게 미니멀 라이프도 시작하게 되었습니다.

고정 지출 결산

대분류	결산	예산	↑↓	피드백
	원	원		
	원	원		
	원	원		
	원	원		
	원	원		
	원	원		
	원	원		
합계	원	원		

변동 지출 결산

대분류	결산	예산	↑↓	피드백
	원	원		
	원	원		
	원	원		
	원	원		
	원	원		
	원	원		
	원	원		
	원	원		
	원	원		
	원	원		
합계	원	원		

05 MAY

수입 · 지출 · 저축 총결산

수입	원	지출	원	현금	원	저축	원
				카드	원		
기타							

혜택 / 낭비

혜택	
낭비	
피드백	

카드 사용액

	원		원		원

이번 달 마무리 및 꿈 목록 체크

이번 달 꿈 목록 현황	다음 달 집중해야 할 꿈 목록

2018 CASH BOOK

6

JUNE

한 달 계획

6

JUNE

S	M	T	W	T	F	S
					1	2
3	4	5	6 현충일	7	8	9
10	11	12	13 2018 지방선거	14 음 5.1	15	16
17	18	19	20	21 하지	22	23
24	25 6·25 전쟁일	26	27	28 음 5.15	29	30

수입 및 지출 계획	
수입	원
지출	원

개인적 목표

재정적 목표

소비 체크 리스트		
□	□	□

대분류	예산	고정 지출 계획	날짜	결제 수단	확인
	원				
	원				
	원				
	원				
	원				
	원				
	원				
합계	원				

대분류	예산	변동 지출 계획
	원	
	원	
	원	
	원	
	원	
	원	
	원	
	원	
	원	
	원	
합계	원	

하루 가계부

1

FRI

소비 계획

오늘 예산: 원

☐	원	☐	원
☐	원	☐	원

지출

대분류	소분류	사용처 및 내역	결제 수단	금액
				원
				원
				원
				원
				원
				원
			총지출	원

혜택 / 낭비

혜택	
낭비	

카드 사용액

	원
	원

결제 수단

현금	카드	저축	기타
원	원	원	

칭찬 / 반성

칭찬:

반성:

하루 가계부

2
SAT

소비 계획

오늘 예산: 원

☐	원	☐	원
☐	원	☐	원

지출

대분류	소분류	사용처 및 내역	결제 수단	금액
				원
				원
				원
				원
				원
				원
			총지출	원

혜택 / 낭비

혜택	
낭비	

카드 사용액

	원
	원

결제 수단

현금	카드	저축	기타
원	원	원	

칭찬 / 반성

칭찬:

반성:

하루 가계부

3

SUN

소비 계획

오늘 예산: 원

☐	원	☐	원
☐	원	☐	원

지출

대분류	소분류	사용처 및 내역	결제 수단	금액
				원
				원
				원
				원
				원
				원
			총지출	원

혜택 / 낭비

혜택	
낭비	

카드 사용액

	원
	원

결제 수단

현금	카드	저축	기타
원	원	원	

칭찬 / 반성

칭찬:

반성:

일주일 마무리

6월 첫째 주(6. 1 ~ 6. 3)

분류별 분석

대분류	금액	지난주	↑↓	예산 잔액	피드백
	원	원		원	
	원	원		원	
	원	원		원	
	원	원		원	
	원	원		원	
	원	원		원	
	원	원		원	
합계	원	원		원	

혜택 / 낭비

혜택	
낭비	
피드백	

결제 수단별 총지출액

현금	카드	저축	기타
원	원	원	

카드 사용액

	원		원		원

이번 주 마무리 및 다음 주 소비 계획

☐
☐
☐
☐

하루 가계부

4
MON

소비 계획

오늘 예산: 원

☐	원	☐	원
☐	원	☐	원

지출

대분류	소분류	사용처 및 내역	결제 수단	금액
				원
				원
				원
				원
				원
				원
			총지출	원

혜택 / 낭비

혜택	
낭비	

카드 사용액

	원
	원

결제 수단

현금	카드	저축	기타
원	원	원	

칭찬 / 반성

칭찬:

반성:

하루 가계부

5
TUE

소비 계획

오늘 예산: 원

☐	원	☐	원
☐	원	☐	원

지출

대분류	소분류	사용처 및 내역	결제 수단	금액
				원
				원
				원
				원
				원
				원
			총지출	원

혜택 / 낭비

혜택	
낭비	

카드 사용액

	원
	원

결제 수단

현금	카드	저축	기타
원	원	원	

칭찬 / 반성

칭찬:

반성:

하루 가계부

6
WED

소비 계획

오늘 예산: 원

☐	원	☐	원
☐	원	☐	원

지출

대분류	소분류	사용처 및 내역	결제 수단	금액
				원
				원
				원
				원
				원
				원
			총지출	원

혜택 / 낭비

혜택	
낭비	

카드 사용액

	원
	원

결제 수단

현금	카드	저축	기타
원	원	원	

칭찬 / 반성

칭찬:

반성:

하루 가계부

7
THU

소비 계획

오늘 예산: 원

☐	원	☐	원
☐	원	☐	원

지출

대분류	소분류	사용처 및 내역	결제 수단	금액
				원
				원
				원
				원
				원
				원
			총지출	원

혜택 / 낭비

혜택	
낭비	

카드 사용액

	원
	원

결제 수단

현금	카드	저축	기타
원	원	원	

칭찬 / 반성

칭찬:

반성:

하루 가계부

8

FRI

소비 계획

오늘 예산: 원

☐	원	☐	원
☐	원	☐	원

지출

대분류	소분류	사용처 및 내역	결제 수단	금액
				원
				원
				원
				원
				원
				원
			총지출	원

혜택 / 낭비

혜택	
낭비	

카드 사용액

	원
	원

결제 수단

현금	카드	저축	기타
원	원	원	

칭찬 / 반성

칭찬:

반성:

하루 가계부

9
SAT

소비 계획

오늘 예산: 원

☐	원	☐	원
☐	원	☐	원

지출

대분류	소분류	사용처 및 내역	결제 수단	금액
				원
				원
				원
				원
				원
				원
			총지출	원

혜택 / 낭비

혜택	
낭비	

카드 사용액

	원
	원

결제 수단

현금	카드	저축	기타
원	원	원	

칭찬 / 반성

칭찬:

반성:

2018
6

하루 가계부

10
SUN

소비 계획

오늘 예산: 원

☐	원	☐	원
☐	원	☐	원

지출

대분류	소분류	사용처 및 내역	결제 수단	금액
				원
				원
				원
				원
				원
				원
			총지출	원

혜택 / 낭비

혜택	
낭비	

카드 사용액

	원
	원

결제 수단

현금	카드	저축	기타
원	원	원	

칭찬 / 반성

칭찬:

반성:

일주일 마무리

6월 둘째 주(6. 4 ~ 6. 10)

분류별 분석

대분류	금액	지난주	↑↓	예산 잔액	피드백
	원	원		원	
	원	원		원	
	원	원		원	
	원	원		원	
	원	원		원	
	원	원		원	
	원	원		원	
합계	원	원		원	

혜택 / 낭비

혜택	
낭비	
피드백	

결제 수단별 총지출액

현금	카드	저축	기타
원	원	원	

카드 사용액

	원		원		원

이번 주 마무리 및 다음 주 소비 계획

☐
☐
☐
☐

하루 가계부

11
MON

소비 계획

오늘 예산: 원

☐	원	☐	원
☐	원	☐	원

지출

대분류	소분류	사용처 및 내역	결제 수단	금액
				원
				원
				원
				원
				원
				원
			총지출	원

혜택 / 낭비

혜택	
낭비	

카드 사용액

	원
	원

결제 수단

현금	카드	저축	기타
원	원	원	

칭찬 / 반성

칭찬:

반성:

하루 가계부

12
TUE

소비 계획

오늘 예산: 원

☐	원	☐	원
☐	원	☐	원

지출

대분류	소분류	사용처 및 내역	결제 수단	금액
				원
				원
				원
				원
				원
				원
			총지출	원

혜택 / 낭비

혜택	
낭비	

카드 사용액

	원
	원

결제 수단

현금	카드	저축	기타
원	원	원	

칭찬 / 반성

칭찬:

반성:

하루 가계부

13
WED

소비 계획

오늘 예산: 원

☐	원	☐	원
☐	원	☐	원

지출

대분류	소분류	사용처 및 내역	결제 수단	금액
				원
				원
				원
				원
				원
				원
			총지출	원

혜택 / 낭비

혜택	
낭비	

카드 사용액

	원
	원

결제 수단

현금	카드	저축	기타
원	원	원	

칭찬 / 반성

칭찬:

반성:

하루 가계부

14
THU

소비 계획

오늘 예산: 원

☐	원	☐	원
☐	원	☐	원

지출

대분류	소분류	사용처 및 내역	결제 수단	금액
				원
				원
				원
				원
				원
				원
			총지출	원

혜택 / 낭비

혜택	
낭비	

카드 사용액

	원
	원

결제 수단

현금	카드	저축	기타
원	원	원	

칭찬 / 반성

칭찬:

반성:

하루 가계부

15
FRI

소비 계획

오늘 예산: 원

☐	원	☐	원
☐	원	☐	원

지출

대분류	소분류	사용처 및 내역	결제 수단	금액
				원
				원
				원
				원
				원
				원
			총지출	원

혜택 / 낭비

혜택	
낭비	

카드 사용액

	원
	원

결제 수단

현금	카드	저축	기타
원	원	원	

칭찬 / 반성

칭찬:

반성:

하루 가계부

16
SAT

소비 계획

오늘 예산: 원

☐	원	☐	원
☐	원	☐	원

지출

대분류	소분류	사용처 및 내역	결제 수단	금액
				원
				원
				원
				원
				원
				원
			총지출	원

혜택 / 낭비

혜택	
낭비	

카드 사용액

	원
	원

결제 수단

현금	카드	저축	기타
원	원	원	

칭찬 / 반성

칭찬:

반성:

하루 가계부

17
SUN

소비 계획

오늘 예산: 원

☐	원	☐	원
☐	원	☐	원

지출

대분류	소분류	사용처 및 내역	결제 수단	금액
				원
				원
				원
				원
				원
				원
			총지출	원

혜택 / 낭비

혜택	
낭비	

카드 사용액

	원
	원

결제 수단

현금	카드	저축	기타
원	원	원	

칭찬 / 반성

칭찬:

반성:

일주일 마무리

6월 셋째 주 (6. 11 ~ 6. 17)

분류별 분석

대분류	금액	지난주	↑↓	예산 잔액	피드백
	원	원		원	
	원	원		원	
	원	원		원	
	원	원		원	
	원	원		원	
	원	원		원	
	원	원		원	
합계	원	원		원	

혜택 / 낭비

혜택	
낭비	
피드백	

결제 수단별 총지출액

현금	카드	저축	기타
원	원	원	

카드 사용액

	원		원		원

이번 주 마무리 및 다음 주 소비 계획

- [ ]
- [ ]
- [ ]
- [ ]

하루 가계부

18
MON

소비 계획

오늘 예산: 원

☐	원	☐	원
☐	원	☐	원

지출

대분류	소분류	사용처 및 내역	결제 수단	금액
				원
				원
				원
				원
				원
				원
			총지출	원

혜택 / 낭비

혜택	
낭비	

카드 사용액

	원
	원

결제 수단

현금	카드	저축	기타
원	원	원	

칭찬 / 반성

칭찬:

반성:

하루 가계부

19
TUE

소비 계획

오늘 예산: 원

☐	원	☐	원
☐	원	☐	원

지출

대분류	소분류	사용처 및 내역	결제 수단	금액
				원
				원
				원
				원
				원
				원
			총지출	원

혜택 / 낭비

혜택	
낭비	

카드 사용액

	원
	원

결제 수단

현금	카드	저축	기타
원	원	원	

칭찬 / 반성

칭찬:

반성:

하루 가계부

20
WED

소비 계획

오늘 예산: 원

□	원	□	원
□	원	□	원

지출

대분류	소분류	사용처 및 내역	결제 수단	금액
				원
				원
				원
				원
				원
				원
			총지출	원

혜택 / 낭비

혜택	
낭비	

카드 사용액

	원
	원

결제 수단

현금	카드	저축	기타
원	원	원	

칭찬 / 반성

칭찬:

반성:

하루 가계부

21
THU

소비 계획

오늘 예산: 원

☐	원	☐	원
☐	원	☐	원

지출

대분류	소분류	사용처 및 내역	결제 수단	금액
				원
				원
				원
				원
				원
				원
			총지출	원

혜택 / 낭비

혜택	
낭비	

카드 사용액

	원
	원

결제 수단

현금	카드	저축	기타
원	원	원	

칭찬 / 반성

칭찬:

반성:

하루 가계부

22
FRI

소비 계획

오늘 예산: 원

☐	원	☐	원
☐	원	☐	원

지출

대분류	소분류	사용처 및 내역	결제 수단	금액
				원
				원
				원
				원
				원
				원
			총지출	원

혜택 / 낭비

혜택	
낭비	

카드 사용액

	원
	원

결제 수단

현금	카드	저축	기타
원	원	원	

칭찬 / 반성

칭찬:

반성:

하루 가계부

23
SAT

소비 계획

오늘 예산: 원

☐	원	☐	원
☐	원	☐	원

지출

대분류	소분류	사용처 및 내역	결제 수단	금액
				원
				원
				원
				원
				원
				원
			총지출	원

혜택 / 낭비

혜택	
낭비	

카드 사용액

	원
	원

결제 수단

현금	카드	저축	기타
원	원	원	

칭찬 / 반성

칭찬:

반성:

하루 가계부

24
SUN

소비 계획

오늘 예산: 원

☐	원	☐	원
☐	원	☐	원

지출

대분류	소분류	사용처 및 내역	결제 수단	금액
				원
				원
				원
				원
				원
				원
			총지출	원

혜택 / 낭비

혜택	
낭비	

카드 사용액

	원
	원

결제 수단

현금	카드	저축	기타
원	원	원	

칭찬 / 반성

칭찬:

반성:

일주일 마무리

6월 넷째 주(6. 18 ~ 6. 24)

분류별 분석

대분류	금액	지난주	↑↓	예산 잔액	피드백
	원	원		원	
	원	원		원	
	원	원		원	
	원	원		원	
	원	원		원	
	원	원		원	
	원	원		원	
합계	원	원		원	

혜택 / 낭비

혜택	
낭비	
피드백	

결제 수단별 총지출액

현금	카드	저축	기타
원	원	원	

카드 사용액

	원		원		원

이번 주 마무리 및 다음 주 소비 계획

- [ ]
- [ ]
- [ ]
- [ ]

하루 가계부

25
MON

소비 계획

오늘 예산: 원

☐	원	☐	원
☐	원	☐	원

지출

대분류	소분류	사용처 및 내역	결제 수단	금액
				원
				원
				원
				원
				원
				원
			총지출	원

혜택 / 낭비

혜택	
낭비	

카드 사용액

	원
	원

결제 수단

현금	카드	저축	기타
원	원	원	

칭찬 / 반성

칭찬:

반성:

하루 가계부

26
TUE

소비 계획

오늘 예산: 원

☐	원	☐	원
☐	원	☐	원

지출

대분류	소분류	사용처 및 내역	결제 수단	금액
				원
				원
				원
				원
				원
				원
			총지출	원

혜택 / 낭비

혜택	
낭비	

카드 사용액

	원
	원

결제 수단

현금	카드	저축	기타
원	원	원	

칭찬 / 반성

칭찬:

반성:

하루 가계부

27
WED

소비 계획

오늘 예산: 원

☐	원	☐	원
☐	원	☐	원

지출

대분류	소분류	사용처 및 내역	결제 수단	금액
				원
				원
				원
				원
				원
				원
			총지출	원

혜택 / 낭비

혜택	
낭비	

카드 사용액

	원
	원

결제 수단

현금	카드	저축	기타
원	원	원	

칭찬 / 반성

칭찬:

반성:

하루 가계부

28
THU

소비 계획

오늘 예산: 원

☐	원	☐	원
☐	원	☐	원

지출

대분류	소분류	사용처 및 내역	결제 수단	금액
				원
				원
				원
				원
				원
				원
			총지출	원

혜택 / 낭비

혜택	
낭비	

카드 사용액

	원
	원

결제 수단

현금	카드	저축	기타
원	원	원	

칭찬 / 반성

칭찬:

반성:

하루 가계부

29
FRI

소비 계획

오늘 예산: 원

☐	원	☐	원
☐	원	☐	원

지출

대분류	소분류	사용처 및 내역	결제 수단	금액
				원
				원
				원
				원
				원
				원
			총지출	원

혜택 / 낭비

혜택	
낭비	

카드 사용액

	원
	원

결제 수단

현금	카드	저축	기타
원	원	원	

칭찬 / 반성

칭찬:

반성:

하루 가계부

30
SAT

소비 계획

오늘 예산: 원

☐	원	☐	원
☐	원	☐	원

지출

대분류	소분류	사용처 및 내역	결제 수단	금액
				원
				원
				원
				원
				원
				원
			총지출	원

혜택 / 낭비

혜택	
낭비	

카드 사용액

	원
	원

결제 수단

현금	카드	저축	기타
원	원	원	

칭찬 / 반성

칭찬:

반성:

6월 다섯째 주(6. 25 ~ 6. 30)

분류별 분석

대분류	금액	지난주	↑↓	예산 잔액	피드백
	원	원		원	
	원	원		원	
	원	원		원	
	원	원		원	
	원	원		원	
	원	원		원	
	원	원		원	
합계	원	원		원	

혜택 / 낭비

혜택	
낭비	
피드백	

결제 수단별 총지출액

현금	카드	저축	기타
원	원	원	

카드 사용액

	원		원		원

이번 주 마무리 및 다음 주 소비 계획

☐
☐
☐
☐

고정 지출 결산

대분류	결산	예산	↑↓	피드백
	원	원		
	원	원		
	원	원		
	원	원		
	원	원		
	원	원		
	원	원		
합계	원	원		

변동 지출 결산

대분류	결산	예산	↑↓	피드백
	원	원		
	원	원		
	원	원		
	원	원		
	원	원		
	원	원		
	원	원		
	원	원		
	원	원		
	원	원		
합계	원	원		

06 JUNE

수입 · 지출 · 저축 총결산

수입	원	지출	원	현금	원	저축	원
				카드	원		
기타							

혜택 / 낭비

혜택	
낭비	
피드백	

카드 사용액

	원		원		원

이번 달 마무리 및 꿈 목록 체크

이번 달 꿈 목록 현황	다음 달 집중해야 할 꿈 목록

2018 CASH BOOK

7

JULY

한달계획

7

JULY

2018

S	M	T	W	T	F	S
1	2	3	4	5	6	7
8	9	10	11	12	13 음 6.1	14
15	16	17 제헌절 · 초복	18	19	20	21
22	23	24	25	26	27 중복 음 6.15	28
29	30	31				

수입 및 지출 계획	
수입	원
지출	원

개인적 목표

재정적 목표

소비 체크 리스트		
☐	☐	☐

대분류	예산	고정 지출 계획	날짜	결제 수단	확인
	원				
	원				
	원				
	원				
	원				
	원				
	원				
합계	원				

대분류	예산	변동 지출 계획
	원	
	원	
	원	
	원	
	원	
	원	
	원	
	원	
	원	
	원	
합계	원	

하루 가계부

1
SUN

소비 계획

오늘 예산: 원

☐	원	☐	원
☐	원	☐	원

지출

대분류	소분류	사용처 및 내역	결제 수단	금액
				원
				원
				원
				원
				원
				원
			총지출	원

혜택 / 낭비

혜택	
낭비	

카드 사용액

	원
	원

결제 수단

현금	카드	저축	기타
원	원	원	

칭찬 / 반성

칭찬:

반성:

하루 가계부

2
MON

소비 계획

오늘 예산: 원

☐	원	☐	원
☐	원	☐	원

지출

대분류	소분류	사용처 및 내역	결제 수단	금액
				원
				원
				원
				원
				원
				원
			총지출	원

혜택 / 낭비

혜택	
낭비	

카드 사용액

	원
	원

결제 수단

현금	카드	저축	기타
원	원	원	

칭찬 / 반성

칭찬:

반성:

하루 가계부

3
TUE

소비 계획

오늘 예산: 원

☐	원	☐	원
☐	원	☐	원

지출

대분류	소분류	사용처 및 내역	결제 수단	금액
				원
				원
				원
				원
				원
				원
			총지출	원

혜택 / 낭비

혜택	
낭비	

카드 사용액

	원
	원

결제 수단

현금	카드	저축	기타
원	원	원	

칭찬 / 반성

칭찬:

반성:

하루 가계부

4
WED

소비 계획

오늘 예산: 원

☐	원	☐	원
☐	원	☐	원

지출

대분류	소분류	사용처 및 내역	결제 수단	금액
				원
				원
				원
				원
				원
				원
			총지출	원

혜택 / 낭비

혜택	
낭비	

카드 사용액

	원
	원

결제 수단

현금	카드	저축	기타
원	원	원	

칭찬 / 반성

칭찬:

반성:

하루 가계부

5
THU

소비 계획

오늘 예산: 원

☐	원	☐	원
☐	원	☐	원

지출

대분류	소분류	사용처 및 내역	결제 수단	금액
				원
				원
				원
				원
				원
				원
			총지출	원

혜택 / 낭비

혜택	
낭비	

카드 사용액

	원
	원

결제 수단

현금	카드	저축	기타
원	원	원	

칭찬 / 반성

칭찬:

반성:

하루 가계부

6
FRI

소비 계획

오늘 예산: 원

☐	원	☐	원
☐	원	☐	원

지출

대분류	소분류	사용처 및 내역	결제 수단	금액
				원
				원
				원
				원
				원
				원
			총지출	원

혜택 / 낭비

혜택	
낭비	

카드 사용액

	원
	원

결제 수단

현금	카드	저축	기타
원	원	원	

칭찬 / 반성

칭찬:

반성:

하루 가계부

7
SAT

소비 계획

오늘 예산: 원

☐	원	☐	원
☐	원	☐	원

지출

대분류	소분류	사용처 및 내역	결제 수단	금액
				원
				원
				원
				원
				원
				원
			총지출	원

혜택 / 낭비

혜택	
낭비	

카드 사용액

	원
	원

결제 수단

현금	카드	저축	기타
원	원	원	

칭찬 / 반성

칭찬:

반성:

하루 가계부

8
SUN

소비 계획

오늘 예산: 원

☐	원	☐	원
☐	원	☐	원

지출

대분류	소분류	사용처 및 내역	결제 수단	금액
				원
				원
				원
				원
				원
				원
			총지출	원

혜택 / 낭비

혜택	
낭비	

카드 사용액

	원
	원

결제 수단

현금	카드	저축	기타
원	원	원	

칭찬 / 반성

칭찬:

반성:

일주일 마무리

7월 첫째 주(7. 1 ~ 7. 8)

분류별 분석

대분류	금액	지난주	↑↓	예산 잔액	피드백
	원	원		원	
	원	원		원	
	원	원		원	
	원	원		원	
	원	원		원	
	원	원		원	
	원	원		원	
합계	원	원		원	

혜택 / 낭비

혜택	
낭비	
피드백	

결제 수단별 총지출액

현금	카드	저축	기타
원	원	원	

카드 사용액

	원		원		원

이번 주 마무리 및 다음 주 소비 계획

- [ ]
- [ ]
- [ ]
- [ ]

하루 가계부

9
MON

소비 계획

오늘 예산: 원

☐	원	☐	원
☐	원	☐	원

지출

대분류	소분류	사용처 및 내역	결제 수단	금액
				원
				원
				원
				원
				원
				원
			총지출	원

혜택 / 낭비

혜택	
낭비	

카드 사용액

	원
	원

결제 수단

현금	카드	저축	기타
원	원	원	

칭찬 / 반성

칭찬:

반성:

하루 가계부

10
TUE

소비 계획

오늘 예산: 원

☐	원	☐	원
☐	원	☐	원

지출

대분류	소분류	사용처 및 내역	결제 수단	금액
				원
				원
				원
				원
				원
				원
			총지출	원

혜택 / 낭비

혜택	
낭비	

카드 사용액

	원
	원

결제 수단

현금	카드	저축	기타
원	원	원	

칭찬 / 반성

칭찬:

반성:

하루 가계부

11
WED

소비 계획

오늘 예산: 원

☐	원	☐	원
☐	원	☐	원

지출

대분류	소분류	사용처 및 내역	결제 수단	금액
				원
				원
				원
				원
				원
				원
			총지출	원

혜택 / 낭비

혜택	
낭비	

카드 사용액

	원
	원

결제 수단

현금	카드	저축	기타
원	원	원	

칭찬 / 반성

칭찬:

반성:

하루 가계부

12
THU

소비 계획

오늘 예산: 원

☐	원	☐	원
☐	원	☐	원

지출

대분류	소분류	사용처 및 내역	결제 수단	금액
				원
				원
				원
				원
				원
				원
			총지출	원

혜택 / 낭비

혜택	
낭비	

카드 사용액

	원
	원

결제 수단

현금	카드	저축	기타
원	원	원	

칭찬 / 반성

칭찬:

반성:

하루 가계부

13
FRI

소비 계획

오늘 예산: 원

☐	원	☐	원
☐	원	☐	원

지출

대분류	소분류	사용처 및 내역	결제 수단	금액
				원
				원
				원
				원
				원
				원
			총지출	원

혜택 / 낭비

혜택	
낭비	

카드 사용액

	원
	원

결제 수단

현금	카드	저축	기타
원	원	원	

칭찬 / 반성

칭찬:

반성:

하루 가계부

14
SAT

소비 계획

오늘 예산: 원

☐	원	☐	원
☐	원	☐	원

지출

대분류	소분류	사용처 및 내역	결제 수단	금액
				원
				원
				원
				원
				원
				원
			총지출	원

혜택 / 낭비

혜택	
낭비	

카드 사용액

	원
	원

결제 수단

현금	카드	저축	기타
원	원	원	

칭찬 / 반성

칭찬:

반성:

하루 가계부

15
SUN

소비 계획

오늘 예산: 원

☐	원	☐	원
☐	원	☐	원

지출

대분류	소분류	사용처 및 내역	결제 수단	금액
				원
				원
				원
				원
				원
				원
			총지출	원

혜택 / 낭비

혜택	
낭비	

카드 사용액

	원
	원

결제 수단

현금	카드	저축	기타
원	원	원	

칭찬 / 반성

칭찬:

반성:

일주일 마무리

7월 둘째 주(7. 9 ~ 7. 15)

분류별 분석

대분류	금액	지난주	↑↓	예산 잔액	피드백
	원	원		원	
	원	원		원	
	원	원		원	
	원	원		원	
	원	원		원	
	원	원		원	
	원	원		원	
합계	원	원		원	

혜택 / 낭비

혜택	
낭비	
피드백	

결제 수단별 총지출액

현금	카드	저축	기타
원	원	원	

카드 사용액

	원		원		원

이번 주 마무리 및 다음 주 소비 계획

☐
☐
☐
☐

하루 가계부

16
MON

소비 계획

오늘 예산: 원

☐	원	☐	원
☐	원	☐	원

지출

대분류	소분류	사용처 및 내역	결제 수단	금액
				원
				원
				원
				원
				원
				원
			총지출	원

혜택 / 낭비

혜택	
낭비	

카드 사용액

	원
	원

결제 수단

현금	카드	저축	기타
원	원	원	

칭찬 / 반성

칭찬:

반성:

하루 가계부

17
TUE

소비 계획

오늘 예산: 원

☐	원	☐	원
☐	원	☐	원

지출

대분류	소분류	사용처 및 내역	결제 수단	금액
				원
				원
				원
				원
				원
				원
			총지출	원

혜택 / 낭비

혜택	
낭비	

카드 사용액

	원
	원

결제 수단

현금	카드	저축	기타
원	원	원	

칭찬 / 반성

칭찬:

반성:

하루 가계부

18
WED

소비 계획

오늘 예산: 원

☐	원	☐	원
☐	원	☐	원

지출

대분류	소분류	사용처 및 내역	결제 수단	금액
				원
				원
				원
				원
				원
				원
			총지출	원

혜택 / 낭비

혜택	
낭비	

카드 사용액

	원
	원

결제 수단

현금	카드	저축	기타
원	원	원	

칭찬 / 반성

칭찬:

반성:

하루 가계부

19
THU

소비 계획

오늘 예산: 원

☐	원	☐	원
☐	원	☐	원

지출

대분류	소분류	사용처 및 내역	결제 수단	금액
				원
				원
				원
				원
				원
				원
			총지출	원

혜택 / 낭비

혜택	
낭비	

카드 사용액

	원
	원

결제 수단

현금	카드	저축	기타
원	원	원	

칭찬 / 반성

칭찬:

반성:

하루 가계부

20
FRI

소비 계획

오늘 예산: 원

☐	원	☐	원
☐	원	☐	원

지출

대분류	소분류	사용처 및 내역	결제 수단	금액
				원
				원
				원
				원
				원
				원
			총지출	원

혜택 / 낭비

혜택	
낭비	

카드 사용액

	원
	원

결제 수단

현금	카드	저축	기타
원	원	원	

칭찬 / 반성

칭찬:

반성:

하루 가계부

21
SAT

소비 계획

오늘 예산: 원

☐	원	☐	원
☐	원	☐	원

지출

대분류	소분류	사용처 및 내역	결제 수단	금액
				원
				원
				원
				원
				원
				원
			총지출	원

혜택 / 낭비

혜택	
낭비	

카드 사용액

	원
	원

결제 수단

현금	카드	저축	기타
원	원	원	

칭찬 / 반성

칭찬:

반성:

하루 가계부

22
SUN

소비 계획 **오늘 예산:** 원

☐	원	☐	원
☐	원	☐	원

지출

대분류	소분류	사용처 및 내역	결제 수단	금액
				원
				원
				원
				원
				원
				원
			총지출	원

혜택 / 낭비

혜택	
낭비	

카드 사용액

	원
	원

결제 수단

현금	카드	저축	기타
원	원	원	

칭찬 / 반성

칭찬:

반성:

7월 셋째 주(7. 16 ~ 7. 22)

분류별 분석

대분류	금액	지난주	↑↓	예산 잔액	피드백
	원	원		원	
	원	원		원	
	원	원		원	
	원	원		원	
	원	원		원	
	원	원		원	
	원	원		원	
합계	원	원		원	

혜택 / 낭비

혜택	
낭비	
피드백	

결제 수단별 총지출액

현금	카드	저축	기타
원	원	원	

카드 사용액

	원		원		원

이번 주 마무리 및 다음 주 소비 계획

☐
☐
☐
☐

하루 가계부

23
MON

소비 계획

오늘 예산: 원

☐	원	☐	원
☐	원	☐	원

지출

대분류	소분류	사용처 및 내역	결제 수단	금액
				원
				원
				원
				원
				원
				원
			총지출	원

혜택 / 낭비

혜택	
낭비	

카드 사용액

	원
	원

결제 수단

현금	카드	저축	기타
원	원	원	

칭찬 / 반성

칭찬:

반성:

하루 가계부

24
TUE

소비 계획

오늘 예산: 원

☐	원	☐	원
☐	원	☐	원

지출

대분류	소분류	사용처 및 내역	결제 수단	금액
				원
				원
				원
				원
				원
				원
			총지출	원

혜택 / 낭비

혜택	
낭비	

카드 사용액

	원
	원

결제 수단

현금	카드	저축	기타
원	원	원	

칭찬 / 반성

칭찬:

반성:

하루 가계부

25
WED

소비 계획

오늘 예산: 원

☐	원	☐	원
☐	원	☐	원

지출

대분류	소분류	사용처 및 내역	결제 수단	금액
				원
				원
				원
				원
				원
				원
			총지출	원

혜택 / 낭비

혜택	
낭비	

카드 사용액

	원
	원

결제 수단

현금	카드	저축	기타
원	원	원	

칭찬 / 반성

칭찬:

반성:

하루 가계부

26
THU

소비 계획

오늘 예산: 원

☐	원	☐	원
☐	원	☐	원

지출

대분류	소분류	사용처 및 내역	결제 수단	금액
				원
				원
				원
				원
				원
				원
			총지출	원

혜택 / 낭비

혜택	
낭비	

카드 사용액

	원
	원

결제 수단

현금	카드	저축	기타
원	원	원	

칭찬 / 반성

칭찬:

반성:

하루 가계부

27
FRI

소비 계획

오늘 예산: 원

☐	원	☐	원
☐	원	☐	원

지출

대분류	소분류	사용처 및 내역	결제 수단	금액
				원
				원
				원
				원
				원
				원
			총지출	원

혜택 / 낭비

혜택	
낭비	

카드 사용액

	원
	원

결제 수단

현금	카드	저축	기타
원	원	원	

칭찬 / 반성

칭찬:

반성:

하루 가계부

28

SAT

소비 계획

오늘 예산: 원

☐	원	☐	원
☐	원	☐	원

지출

대분류	소분류	사용처 및 내역	결제 수단	금액
				원
				원
				원
				원
				원
				원
			총지출	원

혜택 / 낭비

혜택	
낭비	

카드 사용액

	원
	원

결제 수단

현금	카드	저축	기타
원	원	원	

칭찬 / 반성

칭찬:

반성:

하루 가계부

29
SUN

소비 계획

오늘 예산: 원

☐	원	☐	원
☐	원	☐	원

지출

대분류	소분류	사용처 및 내역	결제 수단	금액
				원
				원
				원
				원
				원
				원
			총지출	원

혜택 / 낭비

혜택	
낭비	

카드 사용액

	원
	원

결제 수단

현금	카드	저축	기타
원	원	원	

칭찬 / 반성

칭찬:

반성:

7월 넷째 주(7. 23 ~ 7. 29)

분류별 분석

대분류	금액	지난주	↑↓	예산 잔액	피드백
	원	원		원	
	원	원		원	
	원	원		원	
	원	원		원	
	원	원		원	
	원	원		원	
	원	원		원	
합계	원	원		원	

혜택 / 낭비

혜택	
낭비	
피드백	

결제 수단별 총지출액

현금	카드	저축	기타
원	원	원	

카드 사용액

	원		원		원

이번 주 마무리 및 다음 주 소비 계획

- [ ]
- [ ]
- [ ]
- [ ]

하루 가계부

30
MON

소비 계획

오늘 예산: 원

☐	원	☐	원
☐	원	☐	원

지출

대분류	소분류	사용처 및 내역	결제 수단	금액
				원
				원
				원
				원
				원
				원
			총지출	원

혜택 / 낭비

혜택	
낭비	

카드 사용액

	원
	원

결제 수단

현금	카드	저축	기타
원	원	원	

칭찬 / 반성

칭찬:

반성:

하루 가계부

31
TUE

소비 계획

오늘 예산: 원

☐	원	☐	원
☐	원	☐	원

지출

대분류	소분류	사용처 및 내역	결제 수단	금액
				원
				원
				원
				원
				원
				원
			총지출	원

혜택 / 낭비

혜택	
낭비	

카드 사용액

	원
	원

결제 수단

현금	카드	저축	기타
원	원	원	

칭찬 / 반성

칭찬:

반성:

7월 다섯째 주 (7. 30 ~ 7. 31)

분류별 분석

대분류	금액	지난주	↑↓	예산 잔액	피드백
	원	원		원	
	원	원		원	
	원	원		원	
	원	원		원	
	원	원		원	
	원	원		원	
	원	원		원	
합계	원	원		원	

혜택 / 낭비

혜택	
낭비	
피드백	

결제 수단별 총지출액

현금	카드	저축	기타
원	원	원	

카드 사용액

	원		원		원

이번 주 마무리 및 다음 주 소비 계획

☐
☐
☐
☐

가계부를 쓰면서 변한 점 1

나를 분석하며 소비 관리에 대한 자신감 상승

『처음 가계부』는 기존에 사용했던 가계부 양식과 약간 다르지만 돈 관리에 도움을 주는 내용으로만 구성되어 있어 필요 없는 칸이 거의 없을 정도입니다. 또 『처음 가계부』 양식을 활용하다 보면 수입과 지출은 물론 현재 이용하고 있는 금융 상품도 확인하는 계기가 됩니다. 또한 분류 항목으로 소비 습관과 패턴, 즐겨 사는 브랜드 등을 파악하게 되면서 돈을 어떻게 하면 더 가치 있게 쓸 수 있을지 고민도 해보게 되고요. 나를 분석하고 생각해보는 시간과 기회가 많아질수록 소비 관리 능력은 물론 스스로에게 자신감도 생겼습니다.

내 생활을 객관적으로 판단

가계부의 매력은 단순히 기록을 하는 것뿐 아니라 과거를 되돌아보며 미래를 계획할 수 있다는 것입니다. 저 역시 아직까지 충동적인 지출이 많지만 가계부를 쓰면서 보다 계획적으로 생활할 수 있게 되었습니다. 가계부를 작성하기 전에는 모두 필요 지출이라고 생각했었는데 조금씩 필요 소비와 원함 소비를 구분할 수 있게 되더라고요. 예전에는 수중에 돈도 없으면서 주변 사람이 가입한 금융 상품이나 광고에서 홍보하는 상품에 무리해서 가입하곤 했습니다. 적금은 한두 번 입금하고 만기까지 그대로 방치해두는 게 일상이었죠. 하지만 가계부를 통해 현재 내 생활을 보다 객관적으로 판단하게 되었습니다.

현재 이용하고 있는 금융 상품을 재점검

처음 금융 상품을 접할 때는 금융회사 직원이나 지인이 권하는 것을 선택하게 되죠. 저도 그랬고요. 하지만 3개월 정도 가계부를 쓰니까 소비 패턴이 대략적으로 그려지면서 제공되는 혜택을 찾아보게 되더라고요. 카드 사용 설명서나 카드 회사 홈페이지에 자세하게 혜택에 관한 내용이 정리되어 있어 쉽게 정보를 얻을 수 있어요. 제 경우에는 고정 지출에서 교통비와 통신비가 차지하는 비중이 월등하게 높아 혜택을 받으면 좋겠다 싶었습니다. 기존에 사용하는 카드사의 상품과 필요한 혜택을 중심으로 검색해보니 보통 3,000~5,000원 환급 혜택을 받을 수 있었습니다. 금액 비중이 높은 변동 지출 항목도 재점검을 통해 혜택을 받게 되었습니다. 저는 변동 지출 중에서는 식비, 온라인 결제가 많은 편이라 이 부분의 환급 혜택이 있는 카드를 찾았습니다. 카드를 바꾸는 것만으로도 동일한 금액을 지출해도 한 달에 1만 8,000원 정도 돌려받게 되었고 이 돈은 공 · 푼돈 통장으로 입금하고 있어요.

고정 지출 결산

대분류	결산	예산	↑↓	피드백
	원	원		
	원	원		
	원	원		
	원	원		
	원	원		
	원	원		
	원	원		
합계	원	원		

변동 지출 결산

대분류	결산	예산	↑↓	피드백
	원	원		
	원	원		
	원	원		
	원	원		
	원	원		
	원	원		
	원	원		
	원	원		
	원	원		
	원	원		
합계	원	원		

07 JULY

수입 · 지출 · 저축 총결산

수입	원	지출	원	현금	원	저축	원
				카드	원		
기타							

혜택 / 낭비

혜택	
낭비	
피드백	

카드 사용액

	원		원		원

이번 달 마무리 및 꿈 목록 체크

이번 달 꿈 목록 현황	다음 달 집중해야 할 꿈 목록

2018 CASH BOOK

8

AUGUST

8

AUGUST

S	M	T	W	T	F	S
			1	2	3	4
5	6	7 입추	8	9	10	11 음7.1
12	13	14	15 광복절	16 말복	17	18
19	20	21	22	23	24	25 음7.15
26	27	28	29	30	31	

수입 및 지출 계획	
수입	원
지출	원

개인적 목표

재정적 목표

소비 체크 리스트		
☐	☐	☐

대분류	예산	고정 지출 계획	날짜	결제 수단	확인
	원				
	원				
	원				
	원				
	원				
	원				
	원				
합계	원				

대분류	예산	변동 지출 계획
	원	
	원	
	원	
	원	
	원	
	원	
	원	
	원	
	원	
	원	
합계	원	

하루 가계부

1
WED

소비 계획

오늘 예산: 원

☐	원	☐	원
☐	원	☐	원

지출

대분류	소분류	사용처 및 내역	결제 수단	금액
				원
				원
				원
				원
				원
				원
			총지출	원

혜택 / 낭비

혜택	
낭비	

카드 사용액

	원
	원

결제 수단

현금	카드	저축	기타
원	원	원	

칭찬 / 반성

칭찬:

반성:

하루 가계부

2

THU

소비 계획

오늘 예산: 원

☐	원	☐	원
☐	원	☐	원

지출

대분류	소분류	사용처 및 내역	결제 수단	금액
				원
				원
				원
				원
				원
				원
			총지출	원

혜택 / 낭비

혜택	
낭비	

카드 사용액

	원
	원

결제 수단

현금	카드	저축	기타
원	원	원	

칭찬 / 반성

칭찬:

반성:

하루 가계부

3
FRI

소비 계획

오늘 예산: 원

☐	원	☐	원
☐	원	☐	원

지출

대분류	소분류	사용처 및 내역	결제 수단	금액
				원
				원
				원
				원
				원
				원
			총지출	원

혜택 / 낭비

혜택	
낭비	

카드 사용액

	원
	원

결제 수단

현금	카드	저축	기타
원	원	원	

칭찬 / 반성

칭찬:

반성:

하루 가계부

4
SAT

소비 계획

오늘 예산: 원

☐	원	☐	원
☐	원	☐	원

지출

대분류	소분류	사용처 및 내역	결제 수단	금액
				원
				원
				원
				원
				원
				원
			총지출	원

혜택 / 낭비

혜택	
낭비	

카드 사용액

	원
	원

결제 수단

현금	카드	저축	기타
원	원	원	

칭찬 / 반성

칭찬:

반성:

하루 가계부

5
SUN

소비 계획

오늘 예산: 원

☐	원	☐	원
☐	원	☐	원

지출

대분류	소분류	사용처 및 내역	결제 수단	금액
				원
				원
				원
				원
				원
				원
			총지출	원

혜택 / 낭비

혜택	
낭비	

카드 사용액

	원
	원

결제 수단

현금	카드	저축	기타
원	원	원	

칭찬 / 반성

칭찬:

반성:

8월 첫째 주(8. 1 ~ 8. 5)

분류별 분석

대분류	금액	지난주	↑↓	예산 잔액	피드백
	원	원		원	
	원	원		원	
	원	원		원	
	원	원		원	
	원	원		원	
	원	원		원	
	원	원		원	
합계	원	원		원	

혜택 / 낭비

혜택	
낭비	
피드백	

결제 수단별 총지출액

현금	카드	저축	기타
원	원	원	

카드 사용액

	원		원		원

이번 주 마무리 및 다음 주 소비 계획

☐
☐
☐
☐

하루 가계부

6
MON

소비 계획

오늘 예산: 원

☐	원	☐	원
☐	원	☐	원

지출

대분류	소분류	사용처 및 내역	결제 수단	금액
				원
				원
				원
				원
				원
				원
			총지출	원

혜택 / 낭비

혜택	
낭비	

카드 사용액

	원
	원

결제 수단

현금	카드	저축	기타
원	원	원	

칭찬 / 반성

칭찬:

반성:

하루 가계부

7

TUE

소비 계획

오늘 예산: 원

☐	원	☐	원
☐	원	☐	원

지출

대분류	소분류	사용처 및 내역	결제 수단	금액
				원
				원
				원
				원
				원
				원
			총지출	원

혜택 / 낭비

혜택	
낭비	

카드 사용액

	원
	원

결제 수단

현금	카드	저축	기타
원	원	원	

칭찬 / 반성

칭찬:

반성:

하루 가계부

8
WED

소비 계획

오늘 예산: 원

☐	원	☐	원
☐	원	☐	원

지출

대분류	소분류	사용처 및 내역	결제 수단	금액
				원
				원
				원
				원
				원
				원
			총지출	원

혜택 / 낭비

혜택	
낭비	

카드 사용액

	원
	원

결제 수단

현금	카드	저축	기타
원	원	원	

칭찬 / 반성

칭찬:

반성:

하루 가계부

9
THU

소비 계획

오늘 예산: 원

☐	원	☐	원
☐	원	☐	원

지출

대분류	소분류	사용처 및 내역	결제 수단	금액
				원
				원
				원
				원
				원
				원
			총지출	원

혜택 / 낭비

혜택	
낭비	

카드 사용액

	원
	원

결제 수단

현금	카드	저축	기타
원	원	원	

칭찬 / 반성

칭찬:

반성:

하루 가계부

10
FRI

소비 계획

오늘 예산: 원

☐	원	☐	원
☐	원	☐	원

지출

대분류	소분류	사용처 및 내역	결제 수단	금액
				원
				원
				원
				원
				원
				원
			총지출	원

혜택 / 낭비

혜택	
낭비	

카드 사용액

	원
	원

결제 수단

현금	카드	저축	기타
원	원	원	

칭찬 / 반성

칭찬:

반성:

하루 가계부

11
SAT

소비 계획

오늘 예산: 원

□	원	□	원
□	원	□	원

지출

대분류	소분류	사용처 및 내역	결제 수단	금액
				원
				원
				원
				원
				원
				원
			총지출	원

혜택 / 낭비

혜택	
낭비	

카드 사용액

	원
	원

결제 수단

현금	카드	저축	기타
원	원	원	

칭찬 / 반성

칭찬:

반성:

하루 가계부

12
SUN

소비 계획

오늘 예산: 원

☐	원	☐	원
☐	원	☐	원

지출

대분류	소분류	사용처 및 내역	결제 수단	금액
				원
				원
				원
				원
				원
				원
			총지출	원

혜택 / 낭비

혜택	
낭비	

카드 사용액

	원
	원

결제 수단

현금	카드	저축	기타
원	원	원	

칭찬 / 반성

칭찬:

반성:

8월 둘째 주(8. 6 ~ 8. 12)

분류별 분석

대분류	금액	지난주	↑↓	예산 잔액	피드백
	원	원		원	
	원	원		원	
	원	원		원	
	원	원		원	
	원	원		원	
	원	원		원	
	원	원		원	
합계	원	원		원	

혜택 / 낭비

혜택	
낭비	
피드백	

결제 수단별 총지출액

현금	카드	저축	기타
원	원	원	

카드 사용액

	원		원		원

이번 주 마무리 및 다음 주 소비 계획

☐

☐

☐

☐

하루 가계부

13
MON

소비 계획

오늘 예산: 원

☐	원	☐	원
☐	원	☐	원

지출

대분류	소분류	사용처 및 내역	결제 수단	금액
				원
				원
				원
				원
				원
				원
			총지출	원

혜택 / 낭비

혜택	
낭비	

카드 사용액

	원
	원

결제 수단

현금	카드	저축	기타
원	원	원	

칭찬 / 반성

칭찬:

반성:

하루 가계부

14
TUE

소비 계획

오늘 예산: 원

☐	원	☐	원
☐	원	☐	원

지출

대분류	소분류	사용처 및 내역	결제 수단	금액
				원
				원
				원
				원
				원
				원
			총지출	원

혜택 / 낭비

혜택	
낭비	

카드 사용액

	원
	원

결제 수단

현금	카드	저축	기타
원	원	원	

칭찬 / 반성

칭찬:

반성:

하루 가계부

15
WED

소비 계획

오늘 예산: 원

☐	원	☐	원
☐	원	☐	원

지출

대분류	소분류	사용처 및 내역	결제 수단	금액
				원
				원
				원
				원
				원
				원
			총지출	원

혜택 / 낭비

혜택	
낭비	

카드 사용액

	원
	원

결제 수단

현금	카드	저축	기타
원	원	원	

칭찬 / 반성

칭찬:

반성:

하루 가계부

16

THU

소비 계획

오늘 예산: 원

☐	원	☐	원
☐	원	☐	원

지출

대분류	소분류	사용처 및 내역	결제 수단	금액
				원
				원
				원
				원
				원
				원
			총지출	원

혜택 / 낭비

혜택	
낭비	

카드 사용액

	원
	원

결제 수단

현금	카드	저축	기타
원	원	원	

칭찬 / 반성

칭찬:

반성:

하루 가계부

17
FRI

소비 계획

오늘 예산: 원

☐	원	☐	원
☐	원	☐	원

지출

대분류	소분류	사용처 및 내역	결제 수단	금액
				원
				원
				원
				원
				원
				원
			총지출	원

혜택 / 낭비

혜택	
낭비	

카드 사용액

	원
	원

결제 수단

현금	카드	저축	기타
원	원	원	

칭찬 / 반성

칭찬:

반성:

하루 가계부

18
SAT

소비 계획

오늘 예산: 원

☐	원	☐	원
☐	원	☐	원

지출

대분류	소분류	사용처 및 내역	결제 수단	금액
				원
				원
				원
				원
				원
				원
			총지출	원

혜택 / 낭비

혜택	
낭비	

카드 사용액

	원
	원

결제 수단

현금	카드	저축	기타
원	원	원	

칭찬 / 반성

칭찬:

반성:

하루 가계부

19
SUN

소비 계획

오늘 예산: 원

☐	원	☐	원
☐	원	☐	원

지출

대분류	소분류	사용처 및 내역	결제 수단	금액
				원
				원
				원
				원
				원
				원
			총지출	원

혜택 / 낭비

혜택	
낭비	

카드 사용액

	원
	원

결제 수단

현금	카드	저축	기타
원	원	원	

칭찬 / 반성

칭찬:

반성:

8월 셋째 주(8. 13 ~ 8. 19)

분류별 분석

대분류	금액	지난주	↑↓	예산 잔액	피드백
	원	원		원	
	원	원		원	
	원	원		원	
	원	원		원	
	원	원		원	
	원	원		원	
	원	원		원	
합계	원	원		원	

혜택 / 낭비

혜택	
낭비	
피드백	

결제 수단별 총지출액

현금	카드	저축	기타
원	원	원	

카드 사용액

	원		원		원

이번 주 마무리 및 다음 주 소비 계획

☐
☐
☐
☐

하루 가계부

20

MON

소비 계획

오늘 예산: 원

☐	원	☐	원
☐	원	☐	원

지출

대분류	소분류	사용처 및 내역	결제 수단	금액
				원
				원
				원
				원
				원
				원
			총지출	원

혜택 / 낭비

혜택	
낭비	

카드 사용액

	원
	원

결제 수단

현금	카드	저축	기타
원	원	원	

칭찬 / 반성

칭찬:

반성:

하루 가계부

21
TUE

소비 계획

오늘 예산: 원

☐	원	☐	원
☐	원	☐	원

지출

대분류	소분류	사용처 및 내역	결제 수단	금액
				원
				원
				원
				원
				원
				원
			총지출	원

혜택 / 낭비

혜택	
낭비	

카드 사용액

	원
	원

결제 수단

현금	카드	저축	기타
원	원	원	

칭찬 / 반성

칭찬:

반성:

하루 가계부

22
WED

소비 계획

오늘 예산: 원

☐	원	☐	원
☐	원	☐	원

지출

대분류	소분류	사용처 및 내역	결제 수단	금액
				원
				원
				원
				원
				원
				원
			총지출	원

혜택 / 낭비

혜택	
낭비	

카드 사용액

	원
	원

결제 수단

현금	카드	저축	기타
원	원	원	

칭찬 / 반성

칭찬:

반성:

하루 가계부

23
THU

소비 계획

오늘 예산: 원

☐	원	☐	원
☐	원	☐	원

지출

대분류	소분류	사용처 및 내역	결제 수단	금액
				원
				원
				원
				원
				원
				원
			총지출	원

혜택 / 낭비

혜택	
낭비	

카드 사용액

	원
	원

결제 수단

현금	카드	저축	기타
원	원	원	

칭찬 / 반성

칭찬:

반성:

하루 가계부

24

FRI

소비 계획

오늘 예산: 원

☐	원	☐	원
☐	원	☐	원

지출

대분류	소분류	사용처 및 내역	결제 수단	금액
				원
				원
				원
				원
				원
				원
			총지출	원

혜택 / 낭비

혜택	
낭비	

카드 사용액

	원
	원

결제 수단

현금	카드	저축	기타
원	원	원	

칭찬 / 반성

칭찬:

반성:

하루 가계부

25
SAT

소비 계획

오늘 예산: 원

☐	원	☐	원
☐	원	☐	원

지출

대분류	소분류	사용처 및 내역	결제 수단	금액
				원
				원
				원
				원
				원
				원
			총지출	원

혜택 / 낭비

혜택	
낭비	

카드 사용액

	원
	원

결제 수단

현금	카드	저축	기타
원	원	원	

칭찬 / 반성

칭찬:

반성:

하루 가계부

26

SUN

소비 계획

오늘 예산: 원

☐	원	☐	원
☐	원	☐	원

지출

대분류	소분류	사용처 및 내역	결제 수단	금액
				원
				원
				원
				원
				원
				원
			총지출	원

혜택 / 낭비

혜택	
낭비	

카드 사용액

	원
	원

결제 수단

현금	카드	저축	기타
원	원	원	

칭찬 / 반성

칭찬:

반성:

8월 넷째 주(8. 20 ~ 8. 26)

분류별 분석

대분류	금액	지난주	↑↓	예산 잔액	피드백
	원	원		원	
	원	원		원	
	원	원		원	
	원	원		원	
	원	원		원	
	원	원		원	
	원	원		원	
합계	원	원		원	

혜택 / 낭비

혜택	
낭비	
피드백	

결제 수단별 총지출액

현금	카드	저축	기타
원	원	원	

카드 사용액

	원		원		원

이번 주 마무리 및 다음 주 소비 계획

- [ ]
- [ ]
- [ ]
- [ ]

하루 가계부

27
MON

소비 계획

오늘 예산: 원

☐	원	☐	원
☐	원	☐	원

지출

대분류	소분류	사용처 및 내역	결제 수단	금액
				원
				원
				원
				원
				원
				원
			총지출	원

혜택 / 낭비

혜택	
낭비	

카드 사용액

	원
	원

결제 수단

현금	카드	저축	기타
원	원	원	

칭찬 / 반성

칭찬:

반성:

하루 가계부

28
TUE

소비 계획

오늘 예산: 원

☐	원	☐	원
☐	원	☐	원

지출

대분류	소분류	사용처 및 내역	결제 수단	금액
				원
				원
				원
				원
				원
				원
			총지출	원

혜택 / 낭비

혜택	
낭비	

카드 사용액

	원
	원

결제 수단

현금	카드	저축	기타
원	원	원	

칭찬 / 반성

칭찬:

반성:

하루 가계부

29
WED

소비 계획

오늘 예산: 원

☐	원	☐	원
☐	원	☐	원

지출

대분류	소분류	사용처 및 내역	결제 수단	금액
				원
				원
				원
				원
				원
				원
			총지출	원

혜택 / 낭비

혜택	
낭비	

카드 사용액

	원
	원

결제 수단

현금	카드	저축	기타
원	원	원	

칭찬 / 반성

칭찬:

반성:

하루 가계부

30
THU

소비 계획

오늘 예산: 원

☐	원	☐	원
☐	원	☐	원

지출

대분류	소분류	사용처 및 내역	결제 수단	금액
				원
				원
				원
				원
				원
				원
			총지출	원

혜택 / 낭비

혜택	
낭비	

카드 사용액

	원
	원

결제 수단

현금	카드	저축	기타
원	원	원	

칭찬 / 반성

칭찬:

반성:

하루 가계부

31
FRI

소비 계획

오늘 예산: 원

☐	원	☐	원
☐	원	☐	원

지출

대분류	소분류	사용처 및 내역	결제 수단	금액
				원
				원
				원
				원
				원
				원
			총지출	원

혜택 / 낭비

혜택	
낭비	

카드 사용액

	원
	원

결제 수단

현금	카드	저축	기타
원	원	원	

칭찬 / 반성

칭찬:

반성:

8월 다섯째 주(8. 27 ~ 8. 31)

분류별 분석

대분류	금액	지난주	↑↓	예산 잔액	피드백
	원	원		원	
	원	원		원	
	원	원		원	
	원	원		원	
	원	원		원	
	원	원		원	
	원	원		원	
합계	원	원		원	

혜택 / 낭비

혜택	
낭비	
피드백	

결제 수단별 총지출액

현금	카드	저축	기타
원	원	원	

카드 사용액

	원		원		원

이번 주 마무리 및 다음 주 소비 계획

☐
☐
☐
☐

가계부를 쓰면서 변한 점 2

물건 정리에 관심 갖기

돈 모으기와 관련된 책을 보면 정리를 잘해야 부자가 될 수 있다는 문구를 흔히 볼 수 있어요. 저는 몇 년 동안 이 말을 납득하지 못했습니다. 정리와 돈의 상관관계가 궁금하던 차에 청소를 통해 정리의 매력을 접하게 되었어요. 정리를 하게 되면 어떤 물건을 갖고 있고, 그 물건들을 언제까지 사용할 수 있으며, 대체재는 어떤 것이 있는지 등을 알게 됩니다. 저는 평소 같은 물건을 여러 개 사두거나 비슷한 물건을 사는 습관이 있습니다. 혹시 모른다는 생각에 한 번 구매할 때 많이 사두는 것이죠. 물건은 점점 쌓여가지만 물건을 함부로 쓰는 성격이 아니라 어떤 건 사용하지도 못한 채 유통기한이 지나버리기도 해요. 그래서 비슷한 물건은 필요한 사람에게 주거나 판매 또는 버리는 작업을 통해 물건들을 정리했고, 한 종류에 하나만 갖자는 규칙을 만들었습니다. 문구용품, 화장품 등이 그 대상이었어요. 헐값에 물건을 팔거나 공짜로 나눠주면서 다음부터 신중하게 구매해야겠다는 생각을 했습니다. 또한 물건 정리를 통해 과소비, 충동 구매가 많이 줄고 갖고 있는 물건을 더 소중하게 오래 사용하다 보니 자연스레 지출도 줄어들었습니다.

내 소비 패턴을 확인

가계부 200회 차를 넘겼을 때쯤 불필요한 지출이 줄어들어 한 달 평균 소비액에 못 미치는 상황이 발생하였습니다. 보통 한 달에 30만 원 이상 소비를 했기에 소비 체크카드 역시 전월 실적이 30만 원 이상과 10만 원 이상 되어야 혜택을 받을 수 있는 2개의 카드를 사용하고 있었는데 말이죠. 몇 달 전만 해도 전혀 고민하지 않았던 부분이라 난감하기도 했지만, 카드 실적을 채우지 못한다는 것은 남은 돈이 점점 늘고 있다는 걸 뜻하기에 행복한 고민이었습니다. 가계부를 쓰기 전이었으면 아마 당장 줄어든 실적에 맞는 금융 상품을 고르고 있었을 겁니다. 하지만 가계부를 통해 매달 발생하는 이벤트 지출 부분이 다르다는 걸 파악했기에 이제는 성급하게 새로운 금융 상품을 찾는 대신 2~3개월 지켜보면서 새로운 소비 패턴을 확인해보기로 했습니다. 3개월 뒤 일시적인 지출 감소가 아님을 파악한 다음 10만 원 이상 소비해야 혜택을 받을 수 있는 체크카드 사용을 중단하면서 자연스레 카드를 정리했어요.

고정 지출 결산

대분류	결산	예산	↑↓	피드백
	원	원		
	원	원		
	원	원		
	원	원		
	원	원		
	원	원		
	원	원		
합계	원	원		

변동 지출 결산

대분류	결산	예산	↑↓	피드백
	원	원		
	원	원		
	원	원		
	원	원		
	원	원		
	원	원		
	원	원		
	원	원		
	원	원		
	원	원		
합계	원	원		

08 AUGUST

수입 · 지출 · 저축 총결산

수입	원	지출	원	현금	원	저축	원
				카드	원		
기타							

혜택 / 낭비

혜택	
낭비	
피드백	

카드 사용액

	원		원		원

이번 달 마무리 및 꿈 목록 체크

이번 달 꿈 목록 현황	다음 달 집중해야 할 꿈 목록

2018 CASH BOOK

9

SEPTEMBER

9

SEPTEMBER

S	M	T	W	T	F	S
						1
2	3	4	5	6	7	8
9	10 음 8.1	11	12	13	14	15
16	17	18	19	20	21	22
23 추분 / 30	24 추석 음 8.15	25	26 대체휴일	27	28	29

수입 및 지출 계획	
수입	원
지출	원

개인적 목표

재정적 목표

소비 체크 리스트		
☐	☐	☐

대분류	예산	고정 지출 계획	날짜	결제 수단	확인
	원				
	원				
	원				
	원				
	원				
	원				
	원				
합계	원				

대분류	예산	변동 지출 계획
	원	
	원	
	원	
	원	
	원	
	원	
	원	
	원	
	원	
	원	
합계	원	

하루 가계부

1

SAT

소비 계획

오늘 예산: 원

☐	원	☐	원
☐	원	☐	원

지출

대분류	소분류	사용처 및 내역	결제 수단	금액
				원
				원
				원
				원
				원
				원
			총지출	원

혜택 / 낭비

혜택	
낭비	

카드 사용액

	원
	원

결제 수단

현금	카드	저축	기타
원	원	원	

칭찬 / 반성

칭찬:

반성:

하루 가계부

2
SUN

소비 계획

오늘 예산: 원

☐	원	☐	원
☐	원	☐	원

지출

대분류	소분류	사용처 및 내역	결제 수단	금액
				원
				원
				원
				원
				원
				원
			총지출	원

혜택 / 낭비

혜택	
낭비	

카드 사용액

	원
	원

결제 수단

현금	카드	저축	기타
원	원	원	

칭찬 / 반성

칭찬:

반성:

일주일 마무리

9월 첫째 주(9. 1 ~ 9. 2)

분류별 분석

대분류	금액	지난주	↑↓	예산 잔액	피드백
	원	원		원	
	원	원		원	
	원	원		원	
	원	원		원	
	원	원		원	
	원	원		원	
	원	원		원	
합계	원	원		원	

혜택 / 낭비

혜택	
낭비	
피드백	

결제 수단별 총지출액

현금	카드	저축	기타
원	원	원	

카드 사용액

	원		원		원

이번 주 마무리 및 다음 주 소비 계획

- ☐
- ☐
- ☐
- ☐

하루 가계부

3
MON

소비 계획

오늘 예산: 원

☐	원	☐	원
☐	원	☐	원

지출

대분류	소분류	사용처 및 내역	결제 수단	금액
				원
				원
				원
				원
				원
				원
			총지출	원

혜택 / 낭비

혜택	
낭비	

카드 사용액

	원
	원

결제 수단

현금	카드	저축	기타
원	원	원	

칭찬 / 반성

칭찬:

반성:

하루 가계부

4
TUE

소비 계획

오늘 예산: 원

☐	원	☐	원
☐	원	☐	원

지출

대분류	소분류	사용처 및 내역	결제 수단	금액
				원
				원
				원
				원
				원
				원
			총지출	원

혜택 / 낭비

혜택	
낭비	

카드 사용액

	원
	원

결제 수단

현금	카드	저축	기타
원	원	원	

칭찬 / 반성

칭찬:

반성:

하루 가계부

5
WED

소비 계획

오늘 예산: 원

☐	원	☐	원
☐	원	☐	원

지출

대분류	소분류	사용처 및 내역	결제 수단	금액
				원
				원
				원
				원
				원
				원
			총지출	원

혜택 / 낭비

혜택	
낭비	

카드 사용액

	원
	원

결제 수단

현금	카드	저축	기타
원	원	원	

칭찬 / 반성

칭찬:

반성:

하루 가계부

6
THU

소비 계획

오늘 예산: 원

☐	원	☐	원
☐	원	☐	원

지출

대분류	소분류	사용처 및 내역	결제 수단	금액
				원
				원
				원
				원
				원
				원
			총지출	원

혜택 / 낭비

혜택	
낭비	

카드 사용액

	원
	원

결제 수단

현금	카드	저축	기타
원	원	원	

칭찬 / 반성

칭찬:

반성:

하루 가계부

7
FRI

소비 계획

오늘 예산: 원

☐	원	☐	원
☐	원	☐	원

지출

대분류	소분류	사용처 및 내역	결제 수단	금액
				원
				원
				원
				원
				원
				원
			총지출	원

혜택 / 낭비

혜택	
낭비	

카드 사용액

	원
	원

결제 수단

현금	카드	저축	기타
원	원	원	

칭찬 / 반성

칭찬:

반성:

하루 가계부

8
SAT

소비 계획

오늘 예산: 원

☐	원	☐	원
☐	원	☐	원

지출

대분류	소분류	사용처 및 내역	결제 수단	금액
				원
				원
				원
				원
				원
				원
			총지출	원

혜택 / 낭비

혜택	
낭비	

카드 사용액

	원
	원

결제 수단

현금	카드	저축	기타
원	원	원	

칭찬 / 반성

칭찬:

반성:

하루 가계부

9
SUN

소비 계획

오늘 예산: 원

☐	원	☐	원
☐	원	☐	원

지출

대분류	소분류	사용처 및 내역	결제 수단	금액
				원
				원
				원
				원
				원
				원
			총지출	원

혜택 / 낭비

혜택	
낭비	

카드 사용액

	원
	원

결제 수단

현금	카드	저축	기타
원	원	원	

칭찬 / 반성

칭찬:

반성:

일주일 마무리

9월 둘째 주(9. 3 ~ 9. 9)

분류별 분석

대분류	금액	지난주	↑↓	예산 잔액	피드백
	원	원		원	
	원	원		원	
	원	원		원	
	원	원		원	
	원	원		원	
	원	원		원	
	원	원		원	
합계	원	원		원	

혜택 / 낭비

혜택	
낭비	
피드백	

결제 수단별 총지출액

현금	카드	저축	기타
원	원	원	

카드 사용액

	원		원		원

이번 주 마무리 및 다음 주 소비 계획

- [ ]
- [ ]
- [ ]
- [ ]

하루 가계부

10
MON

소비 계획

오늘 예산: 원

☐	원	☐	원
☐	원	☐	원

지출

대분류	소분류	사용처 및 내역	결제 수단	금액
				원
				원
				원
				원
				원
				원
			총지출	원

혜택 / 낭비

혜택	
낭비	

카드 사용액

	원
	원

결제 수단

현금	카드	저축	기타
원	원	원	

칭찬 / 반성

칭찬:

반성:

하루 가계부

11
TUE

소비 계획

오늘 예산: 원

☐	원	☐	원
☐	원	☐	원

지출

대분류	소분류	사용처 및 내역	결제 수단	금액
				원
				원
				원
				원
				원
				원
			총지출	원

혜택 / 낭비

혜택	
낭비	

카드 사용액

	원
	원

결제 수단

현금	카드	저축	기타
원	원	원	

칭찬 / 반성

칭찬:

반성:

하루 가계부

12
WED

소비 계획

오늘 예산: 원

☐	원	☐	원
☐	원	☐	원

지출

대분류	소분류	사용처 및 내역	결제 수단	금액
				원
				원
				원
				원
				원
				원
			총지출	원

혜택 / 낭비

혜택	
낭비	

카드 사용액

	원
	원

결제 수단

현금	카드	저축	기타
원	원	원	

칭찬 / 반성

칭찬:

반성:

13

THU

소비 계획

오늘 예산: 원

☐	원	☐	원
☐	원	☐	원

지출

대분류	소분류	사용처 및 내역	결제 수단	금액
				원
				원
				원
				원
				원
				원
			총지출	원

혜택 / 낭비

혜택	
낭비	

카드 사용액

	원
	원

결제 수단

현금	카드	저축	기타
원	원	원	

칭찬 / 반성

칭찬:

반성:

하루 가계부

14
FRI

소비 계획

오늘 예산: 원

☐	원	☐	원
☐	원	☐	원

지출

대분류	소분류	사용처 및 내역	결제 수단	금액
				원
				원
				원
				원
				원
				원
			총지출	원

혜택 / 낭비

혜택	
낭비	

카드 사용액

	원
	원

결제 수단

현금	카드	저축	기타
원	원	원	

칭찬 / 반성

칭찬:

반성:

하루 가계부

15
SAT

소비 계획

오늘 예산: 원

☐	원	☐	원
☐	원	☐	원

지출

대분류	소분류	사용처 및 내역	결제 수단	금액
				원
				원
				원
				원
				원
				원
			총지출	원

혜택 / 낭비

혜택	
낭비	

카드 사용액

	원
	원

결제 수단

현금	카드	저축	기타
원	원	원	

칭찬 / 반성

칭찬:

반성:

하루 가계부

16
SUN

소비 계획

오늘 예산: 원

☐	원	☐	원
☐	원	☐	원

지출

대분류	소분류	사용처 및 내역	결제 수단	금액
				원
				원
				원
				원
				원
				원
			총지출	원

혜택 / 낭비

혜택	
낭비	

카드 사용액

	원
	원

결제 수단

현금	카드	저축	기타
원	원	원	

칭찬 / 반성

칭찬:

반성:

일주일 마무리

9월 셋째 주(9. 10 ~ 9. 16)

분류별 분석

대분류	금액	지난주	↑↓	예산 잔액	피드백
	원	원		원	
	원	원		원	
	원	원		원	
	원	원		원	
	원	원		원	
	원	원		원	
	원	원		원	
합계	원	원		원	

혜택 / 낭비

혜택	
낭비	
피드백	

결제 수단별 총지출액

현금	카드	저축	기타
원	원	원	

카드 사용액

	원		원		원

이번 주 마무리 및 다음 주 소비 계획

- [ ]
- [ ]
- [ ]
- [ ]

하루 가계부

17
MON

소비 계획

오늘 예산: 원

☐	원	☐	원
☐	원	☐	원

지출

대분류	소분류	사용처 및 내역	결제 수단	금액
				원
				원
				원
				원
				원
				원
			총지출	원

혜택 / 낭비

혜택	
낭비	

카드 사용액

	원
	원

결제 수단

현금	카드	저축	기타
원	원	원	

칭찬 / 반성

칭찬:

반성:

하루 가계부

18
TUE

소비 계획

오늘 예산: 원

☐	원	☐	원
☐	원	☐	원

지출

대분류	소분류	사용처 및 내역	결제 수단	금액
				원
				원
				원
				원
				원
				원
			총지출	원

혜택 / 낭비

혜택	
낭비	

카드 사용액

	원
	원

결제 수단

현금	카드	저축	기타
원	원	원	

칭찬 / 반성

칭찬:

반성:

하루 가계부

19
WED

소비 계획

오늘 예산: 원

☐	원	☐	원
☐	원	☐	원

지출

대분류	소분류	사용처 및 내역	결제 수단	금액
				원
				원
				원
				원
				원
				원
			총지출	원

혜택 / 낭비

혜택	
낭비	

카드 사용액

	원
	원

결제 수단

현금	카드	저축	기타
원	원	원	

칭찬 / 반성

칭찬:

반성:

하루 가계부

20
THU

소비 계획

오늘 예산: 원

☐	원	☐	원
☐	원	☐	원

지출

대분류	소분류	사용처 및 내역	결제 수단	금액
				원
				원
				원
				원
				원
				원
			총지출	원

혜택 / 낭비

혜택	
낭비	

카드 사용액

	원
	원

결제 수단

현금	카드	저축	기타
원	원	원	

칭찬 / 반성

칭찬:

반성:

하루 가계부

21
FRI

소비 계획

오늘 예산: 원

☐	원	☐	원
☐	원	☐	원

지출

대분류	소분류	사용처 및 내역	결제 수단	금액
				원
				원
				원
				원
				원
				원
			총지출	원

혜택 / 낭비

혜택	
낭비	

카드 사용액

	원
	원

결제 수단

현금	카드	저축	기타
원	원	원	

칭찬 / 반성

칭찬:

반성:

하루 가계부

22
SAT

소비 계획

오늘 예산: 원

☐	원	☐	원
☐	원	☐	원

지출

대분류	소분류	사용처 및 내역	결제 수단	금액
				원
				원
				원
				원
				원
				원
			총지출	원

혜택 / 낭비

혜택	
낭비	

카드 사용액

	원
	원

결제 수단

현금	카드	저축	기타
원	원	원	

칭찬 / 반성

칭찬:

반성:

하루 가계부

23
SUN

소비 계획

오늘 예산: 원

☐	원	☐	원
☐	원	☐	원

지출

대분류	소분류	사용처 및 내역	결제 수단	금액
				원
				원
				원
				원
				원
				원
			총지출	원

혜택 / 낭비

혜택	
낭비	

카드 사용액

	원
	원

결제 수단

현금	카드	저축	기타
원	원	원	

칭찬 / 반성

칭찬:

반성:

9월 넷째 주(9. 17 ~ 9. 23)

분류별 분석

대분류	금액	지난주	↑↓	예산 잔액	피드백
	원	원		원	
	원	원		원	
	원	원		원	
	원	원		원	
	원	원		원	
	원	원		원	
	원	원		원	
합계	원	원		원	

혜택 / 낭비

혜택	
낭비	
피드백	

결제 수단별 총지출액

현금	카드	저축	기타
원	원	원	

카드 사용액

	원		원		원

이번 주 마무리 및 다음 주 소비 계획

- ☐
- ☐
- ☐
- ☐

하루 가계부

24
MON

소비 계획

오늘 예산: 원

☐	원	☐	원
☐	원	☐	원

지출

대분류	소분류	사용처 및 내역	결제 수단	금액
				원
				원
				원
				원
				원
				원
			총지출	원

혜택 / 낭비

혜택	
낭비	

카드 사용액

	원
	원

결제 수단

현금	카드	저축	기타
원	원	원	

칭찬 / 반성

칭찬:

반성:

하루 가계부

25

TUE

소비 계획

오늘 예산: 원

☐	원	☐	원
☐	원	☐	원

지출

대분류	소분류	사용처 및 내역	결제 수단	금액
				원
				원
				원
				원
				원
				원
			총지출	원

혜택 / 낭비

혜택	
낭비	

카드 사용액

	원
	원

결제 수단

현금	카드	저축	기타
원	원	원	

칭찬 / 반성

칭찬:

반성:

하루 가계부

26
WED

소비 계획

오늘 예산: 원

☐	원	☐	원
☐	원	☐	원

지출

대분류	소분류	사용처 및 내역	결제 수단	금액
				원
				원
				원
				원
				원
				원
			총지출	원

혜택 / 낭비

혜택	
낭비	

카드 사용액

	원
	원

결제 수단

현금	카드	저축	기타
원	원	원	

칭찬 / 반성

칭찬:

반성:

하루 가계부

27
THU

소비 계획

오늘 예산: 원

☐	원	☐	원
☐	원	☐	원

지출

대분류	소분류	사용처 및 내역	결제 수단	금액
				원
				원
				원
				원
				원
				원
			총지출	원

혜택 / 낭비

혜택	
낭비	

카드 사용액

	원
	원

결제 수단

현금	카드	저축	기타
원	원	원	

칭찬 / 반성

칭찬:

반성:

하루 가계부

28
FRI

소비 계획

오늘 예산: 원

☐	원	☐	원
☐	원	☐	원

지출

대분류	소분류	사용처 및 내역	결제 수단	금액
				원
				원
				원
				원
				원
				원
			총지출	원

혜택 / 낭비

혜택	
낭비	

카드 사용액

	원
	원

결제 수단

현금	카드	저축	기타
원	원	원	

칭찬 / 반성

칭찬:

반성:

하루 가계부

29
SAT

소비 계획

오늘 예산: 원

☐	원	☐	원
☐	원	☐	원

지출

대분류	소분류	사용처 및 내역	결제 수단	금액
				원
				원
				원
				원
				원
				원
			총지출	원

혜택 / 낭비

혜택	
낭비	

카드 사용액

	원
	원

결제 수단

현금	카드	저축	기타
원	원	원	

칭찬 / 반성

칭찬:

반성:

하루 가계부

30
SUN

소비 계획

오늘 예산: 원

☐	원	☐	원
☐	원	☐	원

지출

대분류	소분류	사용처 및 내역	결제 수단	금액
				원
				원
				원
				원
				원
				원
			총지출	원

혜택 / 낭비

혜택	
낭비	

카드 사용액

	원
	원

결제 수단

현금	카드	저축	기타
원	원	원	

칭찬 / 반성

칭찬:

반성:

일주일 마무리

9월 다섯째 주 (9. 24 ~ 9. 30)

분류별 분석

대분류	금액	지난주	↑↓	예산 잔액	피드백
	원	원		원	
	원	원		원	
	원	원		원	
	원	원		원	
	원	원		원	
	원	원		원	
	원	원		원	
합계	원	원		원	

혜택 / 낭비

혜택	
낭비	
피드백	

결제 수단별 총지출액

현금	카드	저축	기타
원	원	원	

카드 사용액

	원		원		원

이번 주 마무리 및 다음 주 소비 계획

- [ ]
- [ ]
- [ ]
- [ ]

고정 지출 결산

대분류	결산	예산	↑↓	피드백
	원	원		
	원	원		
	원	원		
	원	원		
	원	원		
	원	원		
	원	원		
합계	원	원		

변동 지출 결산

대분류	결산	예산	↑↓	피드백
	원	원		
	원	원		
	원	원		
	원	원		
	원	원		
	원	원		
	원	원		
	원	원		
	원	원		
	원	원		
합계	원	원		

09 SEPTEMBER

수입 · 지출 · 저축 총결산

수입	원	지출	원	현금	원	저축	원
				카드	원		
기타							

혜택 / 낭비

혜택	
낭비	
피드백	

카드 사용액

	원		원		원

이번 달 마무리 및 꿈 목록 체크

이번 달 꿈 목록 현황	다음 달 집중해야 할 꿈 목록

2018 CASH BOOK

10

OCTOBER

10

OCTOBER

S	M	T	W	T	F	S
	1 국군의날	2	3 개천절	4	5	6
7	8	9 한글날 음9.1	10	11	12	13
14	15	16	17	18	19	20
21	22	23 음9.15	24	25	26	27
28	29	30	31			

수입 및 지출 계획	
수입	원
지출	원

개인적 목표

재정적 목표

소비 체크 리스트		
☐	☐	☐

대분류	예산	고정 지출 계획	날짜	결제 수단	확인
	원				
	원				
	원				
	원				
	원				
	원				
	원				
합계	원				

대분류	예산	변동 지출 계획
	원	
	원	
	원	
	원	
	원	
	원	
	원	
	원	
	원	
	원	
합계	원	

하루 가계부

1

MON

소비 계획

오늘 예산: 원

☐	원	☐	원
☐	원	☐	원

지출

대분류	소분류	사용처 및 내역	결제 수단	금액
				원
				원
				원
				원
				원
				원
			총지출	원

혜택 / 낭비

혜택	
낭비	

카드 사용액

	원
	원

결제 수단

현금	카드	저축	기타
원	원	원	

칭찬 / 반성

칭찬:

반성:

하루 가계부

2
TUE

소비 계획

오늘 예산: 원

☐	원	☐	원
☐	원	☐	원

지출

대분류	소분류	사용처 및 내역	결제 수단	금액
				원
				원
				원
				원
				원
				원
			총지출	원

혜택 / 낭비

혜택	
낭비	

카드 사용액

	원
	원

결제 수단

현금	카드	저축	기타
원	원	원	

칭찬 / 반성

칭찬:

반성:

하루 가계부

3
WED

소비 계획

오늘 예산: 원

☐	원	☐	원
☐	원	☐	원

지출

대분류	소분류	사용처 및 내역	결제 수단	금액
				원
				원
				원
				원
				원
				원
			총지출	원

혜택 / 낭비

혜택	
낭비	

카드 사용액

	원
	원

결제 수단

현금	카드	저축	기타
원	원	원	

칭찬 / 반성

칭찬:

반성:

하루 가계부

4
THU

소비 계획

오늘 예산: 원

☐	원	☐	원
☐	원	☐	원

지출

대분류	소분류	사용처 및 내역	결제 수단	금액
				원
				원
				원
				원
				원
				원
			총지출	원

혜택 / 낭비

혜택	
낭비	

카드 사용액

	원
	원

결제 수단

현금	카드	저축	기타
원	원	원	

칭찬 / 반성

칭찬:

반성:

하루 가계부

5

FRI

소비 계획

오늘 예산: 원

□	원	□	원
□	원	□	원

지출

대분류	소분류	사용처 및 내역	결제 수단	금액
				원
				원
				원
				원
				원
				원
			총지출	원

혜택 / 낭비

혜택	
낭비	

카드 사용액

	원
	원

결제 수단

현금	카드	저축	기타
원	원	원	

칭찬 / 반성

칭찬:

반성:

하루 가계부

6
SAT

소비 계획

오늘 예산: 원

☐	원	☐	원
☐	원	☐	원

지출

대분류	소분류	사용처 및 내역	결제 수단	금액
				원
				원
				원
				원
				원
				원
			총지출	원

혜택 / 낭비

혜택	
낭비	

카드 사용액

	원
	원

결제 수단

현금	카드	저축	기타
원	원	원	

칭찬 / 반성

칭찬:

반성:

하루 가계부

7
SUN

소비 계획

오늘 예산: 원

☐	원	☐	원
☐	원	☐	원

지출

대분류	소분류	사용처 및 내역	결제 수단	금액
				원
				원
				원
				원
				원
				원
			총지출	원

혜택 / 낭비

혜택	
낭비	

카드 사용액

	원
	원

결제 수단

현금	카드	저축	기타
원	원	원	

칭찬 / 반성

칭찬:

반성:

일주일 마무리

10월 첫째 주(10. 1 ~ 10. 7)

분류별 분석

대분류	금액	지난주	↑↓	예산 잔액	피드백
	원	원		원	
	원	원		원	
	원	원		원	
	원	원		원	
	원	원		원	
	원	원		원	
	원	원		원	
합계	원	원		원	

혜택 / 낭비

혜택	
낭비	
피드백	

결제 수단별 총지출액

현금	카드	저축	기타
원	원	원	

카드 사용액

	원		원		원

이번 주 마무리 및 다음 주 소비 계획

☐
☐
☐
☐

하루 가계부

8
MON

소비 계획

오늘 예산: 원

☐	원	☐	원
☐	원	☐	원

지출

대분류	소분류	사용처 및 내역	결제 수단	금액
				원
				원
				원
				원
				원
				원
			총지출	원

혜택 / 낭비

혜택	
낭비	

카드 사용액

	원
	원

결제 수단

현금	카드	저축	기타
원	원	원	

칭찬 / 반성

칭찬:

반성:

하루 가계부

9
TUE

소비 계획

오늘 예산: 원

☐	원	☐	원
☐	원	☐	원

지출

대분류	소분류	사용처 및 내역	결제 수단	금액
				원
				원
				원
				원
				원
				원
			총지출	원

혜택 / 낭비

혜택	
낭비	

카드 사용액

	원
	원

결제 수단

현금	카드	저축	기타
원	원	원	

칭찬 / 반성

칭찬:

반성:

하루 가계부

10
WED

소비 계획

오늘 예산: 원

☐	원	☐	원
☐	원	☐	원

지출

대분류	소분류	사용처 및 내역	결제 수단	금액
				원
				원
				원
				원
				원
				원
			총지출	원

혜택 / 낭비

혜택	
낭비	

카드 사용액

	원
	원

결제 수단

현금	카드	저축	기타
원	원	원	

칭찬 / 반성

칭찬:

반성:

하루 가계부

11
THU

소비 계획

오늘 예산: 원

☐	원	☐	원
☐	원	☐	원

지출

대분류	소분류	사용처 및 내역	결제 수단	금액
				원
				원
				원
				원
				원
				원
			총지출	원

혜택 / 낭비

혜택	
낭비	

카드 사용액

	원
	원

결제 수단

현금	카드	저축	기타
원	원	원	

칭찬 / 반성

칭찬:

반성:

하루 가계부

12
FRI

소비 계획

오늘 예산: 원

☐	원	☐	원
☐	원	☐	원

지출

대분류	소분류	사용처 및 내역	결제 수단	금액
				원
				원
				원
				원
				원
				원
			총지출	원

혜택 / 낭비

혜택	
낭비	

카드 사용액

	원
	원

결제 수단

현금	카드	저축	기타
원	원	원	

칭찬 / 반성

칭찬:

반성:

하루 가계부

13
SAT

소비 계획

오늘 예산: 원

☐	원	☐	원
☐	원	☐	원

지출

대분류	소분류	사용처 및 내역	결제 수단	금액
				원
				원
				원
				원
				원
				원
			총지출	원

혜택 / 낭비

혜택	
낭비	

카드 사용액

	원
	원

결제 수단

현금	카드	저축	기타
원	원	원	

칭찬 / 반성

칭찬:

반성:

하루 가계부

14
SUN

소비 계획

오늘 예산: 원

☐	원	☐	원
☐	원	☐	원

지출

대분류	소분류	사용처 및 내역	결제 수단	금액
				원
				원
				원
				원
				원
				원
			총지출	원

혜택 / 낭비

혜택	
낭비	

카드 사용액

	원
	원

결제 수단

현금	카드	저축	기타
원	원	원	

칭찬 / 반성

칭찬:

반성:

10월 둘째 주(10. 8 ~ 10. 14)

분류별 분석

대분류	금액	지난주	↑↓	예산 잔액	피드백
	원	원		원	
	원	원		원	
	원	원		원	
	원	원		원	
	원	원		원	
	원	원		원	
	원	원		원	
합계	원	원		원	

혜택 / 낭비

혜택	
낭비	
피드백	

결제 수단별 총지출액

현금	카드	저축	기타
원	원	원	

카드 사용액

	원		원		원

이번 주 마무리 및 다음 주 소비 계획

☐
☐
☐
☐

하루 가계부

15
MON

소비 계획

오늘 예산: 원

☐	원	☐	원
☐	원	☐	원

지출

대분류	소분류	사용처 및 내역	결제 수단	금액
				원
				원
				원
				원
				원
				원
			총지출	원

혜택 / 낭비

혜택	
낭비	

카드 사용액

	원
	원

결제 수단

현금	카드	저축	기타
원	원	원	

칭찬 / 반성

칭찬:

반성:

16
TUE

소비 계획

오늘 예산: 원

☐	원	☐	원
☐	원	☐	원

지출

대분류	소분류	사용처 및 내역	결제 수단	금액
				원
				원
				원
				원
				원
				원
			총지출	원

혜택 / 낭비

혜택	
낭비	

카드 사용액

	원
	원

결제 수단

현금	카드	저축	기타
원	원	원	

칭찬 / 반성

칭찬:

반성:

하루 가계부

17
WED

소비 계획

오늘 예산: 원

☐	원	☐	원
☐	원	☐	원

지출

대분류	소분류	사용처 및 내역	결제 수단	금액
				원
				원
				원
				원
				원
				원
			총지출	원

혜택 / 낭비

혜택	
낭비	

카드 사용액

	원
	원

결제 수단

현금	카드	저축	기타
원	원	원	

칭찬 / 반성

칭찬:

반성:

하루 가계부

18
THU

소비 계획

오늘 예산: 원

☐	원	☐	원
☐	원	☐	원

지출

대분류	소분류	사용처 및 내역	결제 수단	금액
				원
				원
				원
				원
				원
				원
			총지출	원

혜택 / 낭비

혜택	
낭비	

카드 사용액

	원
	원

결제 수단

현금	카드	저축	기타
원	원	원	

칭찬 / 반성

칭찬:

반성:

하루 가계부

19
FRI

소비 계획

오늘 예산: 원

☐	원	☐	원
☐	원	☐	원

지출

대분류	소분류	사용처 및 내역	결제 수단	금액
				원
				원
				원
				원
				원
				원
			총지출	원

혜택 / 낭비

혜택	
낭비	

카드 사용액

	원
	원

결제 수단

현금	카드	저축	기타
원	원	원	

칭찬 / 반성

칭찬:

반성:

하루 가계부

20
SAT

소비 계획

오늘 예산: 원

☐	원	☐	원
☐	원	☐	원

지출

대분류	소분류	사용처 및 내역	결제 수단	금액
				원
				원
				원
				원
				원
				원
			총지출	원

혜택 / 낭비

혜택	
낭비	

카드 사용액

	원
	원

결제 수단

현금	카드	저축	기타
원	원	원	

칭찬 / 반성

칭찬:

반성:

21
SUN

소비 계획

오늘 예산: 원

☐	원	☐	원
☐	원	☐	원

지출

대분류	소분류	사용처 및 내역	결제 수단	금액
				원
				원
				원
				원
				원
				원
			총지출	원

혜택 / 낭비

혜택	
낭비	

카드 사용액

	원
	원

결제 수단

현금	카드	저축	기타
원	원	원	

칭찬 / 반성

칭찬:

반성:

10월 셋째 주(10. 15 ~ 10. 21)

분류별 분석

대분류	금액	지난주	↑↓	예산 잔액	피드백
	원	원		원	
	원	원		원	
	원	원		원	
	원	원		원	
	원	원		원	
	원	원		원	
	원	원		원	
합계	원	원		원	

혜택 / 낭비

혜택	
낭비	
피드백	

결제 수단별 총지출액

현금	카드	저축	기타
원	원	원	

카드 사용액

	원		원		원

이번 주 마무리 및 다음 주 소비 계획

- [ ]
- [ ]
- [ ]
- [ ]

하루 가계부

22
MON

소비 계획

오늘 예산: 원

☐	원	☐	원
☐	원	☐	원

지출

대분류	소분류	사용처 및 내역	결제 수단	금액
				원
				원
				원
				원
				원
				원
			총지출	원

혜택 / 낭비

혜택	
낭비	

카드 사용액

	원
	원

결제 수단

현금	카드	저축	기타
원	원	원	

칭찬 / 반성

칭찬:

반성:

하루 가계부

23
TUE

소비 계획

오늘 예산: 원

☐	원	☐	원
☐	원	☐	원

지출

대분류	소분류	사용처 및 내역	결제 수단	금액
				원
				원
				원
				원
				원
				원
			총지출	원

혜택 / 낭비

혜택	
낭비	

카드 사용액

	원
	원

결제 수단

현금	카드	저축	기타
원	원	원	

칭찬 / 반성

칭찬:

반성:

하루 가계부

24
WED

소비 계획
오늘 예산: 원

☐	원	☐	원
☐	원	☐	원

지출

대분류	소분류	사용처 및 내역	결제 수단	금액
				원
				원
				원
				원
				원
				원
			총지출	원

혜택 / 낭비

혜택	
낭비	

카드 사용액

	원
	원

결제 수단

현금	카드	저축	기타
원	원	원	

칭찬 / 반성

칭찬:

반성:

하루 가계부

25
THU

소비 계획

오늘 예산: 원

☐	원	☐	원
☐	원	☐	원

지출

대분류	소분류	사용처 및 내역	결제 수단	금액
				원
				원
				원
				원
				원
				원
			총지출	원

혜택 / 낭비

혜택	
낭비	

카드 사용액

	원
	원

결제 수단

현금	카드	저축	기타
원	원	원	

칭찬 / 반성

칭찬:

반성:

하루 가계부

26
FRI

소비 계획

오늘 예산: 원

☐	원	☐	원
☐	원	☐	원

지출

대분류	소분류	사용처 및 내역	결제 수단	금액
				원
				원
				원
				원
				원
				원
			총지출	원

혜택 / 낭비

혜택	
낭비	

카드 사용액

	원
	원

결제 수단

현금	카드	저축	기타
원	원	원	

칭찬 / 반성

칭찬:

반성:

27
SAT

소비 계획

오늘 예산: 원

☐	원	☐	원
☐	원	☐	원

지출

대분류	소분류	사용처 및 내역	결제 수단	금액
				원
				원
				원
				원
				원
				원
			총지출	원

혜택 / 낭비

혜택	
낭비	

카드 사용액

	원
	원

결제 수단

현금	카드	저축	기타
원	원	원	

칭찬 / 반성

칭찬:

반성:

하루 가계부

28
SUN

소비 계획

오늘 예산: 원

☐	원	☐	원
☐	원	☐	원

지출

대분류	소분류	사용처 및 내역	결제 수단	금액
				원
				원
				원
				원
				원
				원
			총지출	원

혜택 / 낭비

혜택	
낭비	

카드 사용액

	원
	원

결제 수단

현금	카드	저축	기타
원	원	원	

칭찬 / 반성

칭찬:

반성:

10월 넷째 주(10. 22 ~ 10. 28)

분류별 분석

대분류	금액	지난주	↑↓	예산 잔액	피드백
	원	원		원	
	원	원		원	
	원	원		원	
	원	원		원	
	원	원		원	
	원	원		원	
	원	원		원	
합계	원	원		원	

혜택 / 낭비

혜택	
낭비	
피드백	

결제 수단별 총지출액

현금	카드	저축	기타
원	원	원	

카드 사용액

	원		원		원

이번 주 마무리 및 다음 주 소비 계획

☐
☐
☐
☐

하루 가계부

29
MON

소비 계획

오늘 예산: 원

☐	원	☐	원
☐	원	☐	원

지출

대분류	소분류	사용처 및 내역	결제 수단	금액
				원
				원
				원
				원
				원
				원
			총지출	원

혜택 / 낭비

혜택	
낭비	

카드 사용액

	원
	원

결제 수단

현금	카드	저축	기타
원	원	원	

칭찬 / 반성

칭찬:

반성:

하루 가계부

30
TUE

소비 계획

오늘 예산: 원

☐	원	☐	원
☐	원	☐	원

지출

대분류	소분류	사용처 및 내역	결제 수단	금액
				원
				원
				원
				원
				원
				원
			총지출	원

혜택 / 낭비

혜택	
낭비	

카드 사용액

	원
	원

결제 수단

현금	카드	저축	기타
원	원	원	

칭찬 / 반성

칭찬:

반성:

하루 가계부

31
WED

소비 계획

오늘 예산: 원

☐	원	☐	원
☐	원	☐	원

지출

대분류	소분류	사용처 및 내역	결제 수단	금액
				원
				원
				원
				원
				원
				원
			총지출	원

혜택 / 낭비

혜택	
낭비	

카드 사용액

	원
	원

결제 수단

현금	카드	저축	기타
원	원	원	

칭찬 / 반성

칭찬:

반성:

일주일 마무리

10월 다섯째 주(10. 29 ~ 10. 31)

분류별 분석

대분류	금액	지난주	↑↓	예산 잔액	피드백
	원	원		원	
	원	원		원	
	원	원		원	
	원	원		원	
	원	원		원	
	원	원		원	
	원	원		원	
합계	원	원		원	

혜택 / 낭비

혜택	
낭비	
피드백	

결제 수단별 총지출액

현금	카드	저축	기타
원	원	원	

카드 사용액

	원		원		원

이번 주 마무리 및 다음 주 소비 계획

- [ ]
- [ ]
- [ ]
- [ ]

가계부를 쓰면서 변한 점 3

시간의 소중함을 인식

몇 달 전만 해도 시간과 돈은 별개라고 생각했습니다. 돈 낭비에는 그렇게 예민하면서 시간 낭비에는 관대했던 거죠. '오늘 하루는 기분 전환 겸 쉬자~' '내일 하면 되지.' 하는 긍정 마인드의 소유자였어요. 하지만 가계부와 다이어리를 작성하면서 시간과 돈의 상관관계를 모색하게 되었습니다. 1초를 1원이라 치고 계산해보면 매일 8만 6,400원이 모든 사람에게 동일하게 입금되는 건데 그 돈을 저는 매일 흥청망청 쓰고 있더라고요. 매일 주어지는 시간이라는 돈을 잘 쓰기 위해 가장 큰 적인 아침잠과 싸움을 시작했습니다. 가끔 새벽에 일어나 해야 할 일을 처리하면 훨씬 능률이 높아지는 걸 떠올렸어요. 그래서 지금은 6시 반에 일어나는 습관을 만들고 있는 중입니다. 혼자는 힘들어 뜻이 맞는 친구들끼리 기상 프로젝트를 진행하고 있죠. 더러 실패할 때도 있지만 포기하지 않고 완전히 제 것으로 만들려고요. 아침 일찍 일어난 이후 제게 도움이 되는 활동을 할 수 있는 시간이 많아지면서 부수적으로 수입까지 조금씩 늘어나는 새로운 경험을 하고 있답니다. 또한 시간과 돈에 관심을 두다 보니 어쩔 수 없이 지출해야 하는 항목에 대한 만족감도 커지고 있습니다. 예를 들면 2,000원의 교통비를 지출했을 때 이동하는 시간 동안 책을 읽거나 미처 하지 못했던 일을 마무리함으로써 2,000원을 허투루 쓰지 않으려고 노력하는 거죠. 그리고 가계부를 쓰면서 하루를 되돌아보며 다음 날 계획까지 세울 수 있게 됐어요. 돈과 시간을 미리 예측하게 되면 체계적으로 하루를 보내는 데 도움이 된답니다.

사은품, 증정품에 혹하는 마음이 사라짐

지출을 하다 보면 곳곳에서 추가 소비의 유혹을 받습니다. 필요한 물품만 구매하고 결제하려는 순간 2만 원어치만 더 구입하면 사은품을 증정한다는 문구를 발견하고 혹하기도 하고 구매 시 증정품을 준다는 말에 마음이 흔들리기도 하죠. 배송비를 아끼기 위해 구매 계획에 없던 상품을 살 때도 있어요. 이렇듯 순식간에 장바구니는 생각지도 못한 물건들로 가득 차버립니다. 저 역시 사은품, 증정품에 약해 구입할 때 매번 체크리스트를 바탕으로 신중하게 고민합니다. 온라인 쇼핑몰은 일단 장바구니에 넣고 최소 2일은 놔두고 있어요. 혹해서 집어넣은 것도 있고 배송비 때문에 금액을 맞추려 한 물건도 있게 마련이라 며칠 뒤에 확인해보고선 '이건 왜 넣었을까?' 하고 의아해하기도 하죠. 가계부를 쓰면 이런 순간적인 소비 충동을 절제하는 데도 도움이 돼요.

고정 지출 결산

대분류	결산	예산	↑↓	피드백
	원	원		
	원	원		
	원	원		
	원	원		
	원	원		
	원	원		
	원	원		
합계	원	원		

변동 지출 결산

대분류	결산	예산	↑↓	피드백
	원	원		
	원	원		
	원	원		
	원	원		
	원	원		
	원	원		
	원	원		
	원	원		
	원	원		
	원	원		
합계	원	원		

10 OCTOBER

수입 · 지출 · 저축 총결산

수입	원	지출	원	현금	원	저축	원
				카드	원		
기타							

혜택 / 낭비

혜택	
낭비	
피드백	

카드 사용액

	원		원		원

이번 달 마무리 및 꿈 목록 체크

이번 달 꿈 목록 현황	다음 달 집중해야 할 꿈 목록

2018 CASH BOOK

11

NOVEMBER

11

NOVEMBER

2018

S	M	T	W	T	F	S
				1	2	3
4	5	6	7 입동	8 음 10.1	9	10
11	12	13	14	15	16	17
18	19	20	21	22 음 10.15	23	24
25	26	27	28	29	30	

수입 및 지출 계획	
수입	원
지출	원

개인적 목표

재정적 목표

소비 체크 리스트		
☐	☐	☐

대분류	예산	고정 지출 계획	날짜	결제 수단	확인
	원				
	원				
	원				
	원				
	원				
	원				
	원				
합계	원				

대분류	예산	변동 지출 계획
	원	
	원	
	원	
	원	
	원	
	원	
	원	
	원	
	원	
	원	
합계	원	

하루 가계부

1
THU

소비 계획

오늘 예산: 원

☐	원	☐	원
☐	원	☐	원

지출

대분류	소분류	사용처 및 내역	결제 수단	금액
				원
				원
				원
				원
				원
				원
			총지출	원

혜택 / 낭비

혜택	
낭비	

카드 사용액

	원
	원

결제 수단

현금	카드	저축	기타
원	원	원	

칭찬 / 반성

칭찬:

반성:

하루 가계부

2
FRI

소비 계획

오늘 예산: 원

☐	원	☐	원
☐	원	☐	원

지출

대분류	소분류	사용처 및 내역	결제 수단	금액
				원
				원
				원
				원
				원
				원
			총지출	원

혜택 / 낭비

혜택	
낭비	

카드 사용액

	원
	원

결제 수단

현금	카드	저축	기타
원	원	원	

칭찬 / 반성

칭찬:

반성:

하루 가계부

3
SAT

소비 계획

오늘 예산: 원

☐	원	☐	원
☐	원	☐	원

지출

대분류	소분류	사용처 및 내역	결제 수단	금액
				원
				원
				원
				원
				원
				원
			총지출	원

혜택 / 낭비

혜택	
낭비	

카드 사용액

	원
	원

결제 수단

현금	카드	저축	기타
원	원	원	

칭찬 / 반성

칭찬:

반성:

하루 가계부

4
SUN

소비 계획

오늘 예산: 원

☐	원	☐	원
☐	원	☐	원

지출

대분류	소분류	사용처 및 내역	결제 수단	금액
				원
				원
				원
				원
				원
				원
			총지출	원

혜택 / 낭비

혜택	
낭비	

카드 사용액

	원
	원

결제 수단

현금	카드	저축	기타
원	원	원	

칭찬 / 반성

칭찬:

반성:

11월 첫째 주(11. 1 ~ 11. 4)

분류별 분석

대분류	금액	지난주	↑↓	예산 잔액	피드백
	원	원		원	
	원	원		원	
	원	원		원	
	원	원		원	
	원	원		원	
	원	원		원	
	원	원		원	
합계	원	원		원	

혜택 / 낭비

혜택	
낭비	
피드백	

결제 수단별 총지출액

현금	카드	저축	기타
원	원	원	

카드 사용액

	원		원		원

이번 주 마무리 및 다음 주 소비 계획

☐

☐

☐

☐

하루 가계부

5
MON

소비 계획

오늘 예산: 원

☐	원	☐	원
☐	원	☐	원

지출

대분류	소분류	사용처 및 내역	결제 수단	금액
				원
				원
				원
				원
				원
				원
			총지출	원

혜택 / 낭비

혜택	
낭비	

카드 사용액

	원
	원

결제 수단

현금	카드	저축	기타
원	원	원	

칭찬 / 반성

칭찬:

반성:

하루 가계부

6
TUE

소비 계획

오늘 예산: 원

☐	원	☐	원
☐	원	☐	원

지출

대분류	소분류	사용처 및 내역	결제 수단	금액
				원
				원
				원
				원
				원
				원
			총지출	원

혜택 / 낭비

혜택	
낭비	

카드 사용액

	원
	원

결제 수단

현금	카드	저축	기타
원	원	원	

칭찬 / 반성

칭찬:

반성:

하루 가계부

7
WED

소비 계획

오늘 예산: 원

☐	원	☐	원
☐	원	☐	원

지출

대분류	소분류	사용처 및 내역	결제 수단	금액
				원
				원
				원
				원
				원
				원
			총지출	원

혜택 / 낭비

혜택	
낭비	

카드 사용액

	원
	원

결제 수단

현금	카드	저축	기타
원	원	원	

칭찬 / 반성

칭찬:

반성:

하루 가계부

8
THU

소비 계획

오늘 예산: 원

☐	원	☐	원
☐	원	☐	원

지출

대분류	소분류	사용처 및 내역	결제 수단	금액
				원
				원
				원
				원
				원
				원
			총지출	원

혜택 / 낭비

혜택	
낭비	

카드 사용액

	원
	원

결제 수단

현금	카드	저축	기타
원	원	원	

칭찬 / 반성

칭찬:

반성:

하루 가계부

9
FRI

소비 계획

오늘 예산: 원

□	원	□	원
□	원	□	원

지출

대분류	소분류	사용처 및 내역	결제 수단	금액
				원
				원
				원
				원
				원
				원
			총지출	원

혜택 / 낭비

혜택	
낭비	

카드 사용액

	원
	원

결제 수단

현금	카드	저축	기타
원	원	원	

칭찬 / 반성

칭찬:

반성:

하루 가계부

10
SAT

소비 계획

오늘 예산: 원

☐	원	☐	원
☐	원	☐	원

지출

대분류	소분류	사용처 및 내역	결제 수단	금액
				원
				원
				원
				원
				원
				원
			총지출	원

혜택 / 낭비

혜택	
낭비	

카드 사용액

	원
	원

결제 수단

현금	카드	저축	기타
원	원	원	

칭찬 / 반성

칭찬:

반성:

하루 가계부

11

SUN

소비 계획

오늘 예산: 원

☐	원	☐	원
☐	원	☐	원

지출

대분류	소분류	사용처 및 내역	결제 수단	금액
				원
				원
				원
				원
				원
				원
			총지출	원

혜택 / 낭비

혜택	
낭비	

카드 사용액

	원
	원

결제 수단

현금	카드	저축	기타
원	원	원	

칭찬 / 반성

칭찬:

반성:

11월 둘째 주(11. 5 ~ 11. 11)

분류별 분석

대분류	금액	지난주	↑↓	예산 잔액	피드백
	원	원		원	
	원	원		원	
	원	원		원	
	원	원		원	
	원	원		원	
	원	원		원	
	원	원		원	
합계	원	원		원	

혜택 / 낭비

혜택	
낭비	
피드백	

결제 수단별 총지출액

현금	카드	저축	기타
원	원	원	

카드 사용액

	원		원		원

이번 주 마무리 및 다음 주 소비 계획

- ☐
- ☐
- ☐
- ☐

하루 가계부

12
MON

소비 계획

오늘 예산: 원

☐	원	☐	원
☐	원	☐	원

지출

대분류	소분류	사용처 및 내역	결제 수단	금액
				원
				원
				원
				원
				원
				원
			총지출	원

혜택 / 낭비

혜택	
낭비	

카드 사용액

	원
	원

결제 수단

현금	카드	저축	기타
원	원	원	

칭찬 / 반성

칭찬:

반성:

하루 가계부

13
TUE

소비 계획

오늘 예산: 원

☐	원	☐	원
☐	원	☐	원

지출

대분류	소분류	사용처 및 내역	결제 수단	금액
				원
				원
				원
				원
				원
				원
			총지출	원

혜택 / 낭비

혜택	
낭비	

카드 사용액

	원
	원

결제 수단

현금	카드	저축	기타
원	원	원	

칭찬 / 반성

칭찬:

반성:

하루 가계부

14
WED

소비 계획

오늘 예산: 원

☐	원	☐	원
☐	원	☐	원

지출

대분류	소분류	사용처 및 내역	결제 수단	금액
				원
				원
				원
				원
				원
				원
			총지출	원

혜택 / 낭비

혜택	
낭비	

카드 사용액

	원
	원

결제 수단

현금	카드	저축	기타
원	원	원	

칭찬 / 반성

칭찬:

반성:

하루 가계부

15
THU

소비 계획

오늘 예산: 원

☐	원	☐	원
☐	원	☐	원

지출

대분류	소분류	사용처 및 내역	결제 수단	금액
				원
				원
				원
				원
				원
				원
			총지출	원

혜택 / 낭비

혜택	
낭비	

카드 사용액

	원
	원

결제 수단

현금	카드	저축	기타
원	원	원	

칭찬 / 반성

칭찬:

반성:

하루 가계부

16
FRI

소비 계획

오늘 예산: 원

☐	원	☐	원
☐	원	☐	원

지출

대분류	소분류	사용처 및 내역	결제 수단	금액
				원
				원
				원
				원
				원
				원
			총지출	원

혜택 / 낭비

혜택	
낭비	

카드 사용액

	원
	원

결제 수단

현금	카드	저축	기타
원	원	원	

칭찬 / 반성

칭찬:

반성:

하루 가계부

17
SAT

소비 계획

오늘 예산: 원

☐	원	☐	원
☐	원	☐	원

지출

대분류	소분류	사용처 및 내역	결제 수단	금액
				원
				원
				원
				원
				원
				원
			총지출	원

혜택 / 낭비

혜택	
낭비	

카드 사용액

	원
	원

결제 수단

현금	카드	저축	기타
원	원	원	

칭찬 / 반성

칭찬:

반성:

하루 가계부

18
SUN

소비 계획

오늘 예산: 원

☐	원	☐	원
☐	원	☐	원

지출

대분류	소분류	사용처 및 내역	결제 수단	금액
				원
				원
				원
				원
				원
				원
			총지출	원

혜택 / 낭비

혜택	
낭비	

카드 사용액

	원
	원

결제 수단

현금	카드	저축	기타
원	원	원	

칭찬 / 반성

칭찬:

반성:

일주일 마무리

11월 셋째 주(11. 12 ~ 11. 18)

분류별 분석

대분류	금액	지난주	↑↓	예산 잔액	피드백
	원	원		원	
	원	원		원	
	원	원		원	
	원	원		원	
	원	원		원	
	원	원		원	
	원	원		원	
합계	원	원		원	

혜택 / 낭비

혜택	
낭비	
피드백	

결제 수단별 총지출액

현금	카드	저축	기타
원	원	원	

카드 사용액

	원		원		원

이번 주 마무리 및 다음 주 소비 계획

- [ ]
- [ ]
- [ ]
- [ ]

하루 가계부

19
MON

소비 계획

오늘 예산: 원

☐	원	☐	원
☐	원	☐	원

지출

대분류	소분류	사용처 및 내역	결제 수단	금액
				원
				원
				원
				원
				원
				원
			총지출	원

혜택 / 낭비

혜택	
낭비	

카드 사용액

	원
	원

결제 수단

현금	카드	저축	기타
원	원	원	

칭찬 / 반성

칭찬:

반성:

하루 가계부

20
TUE

소비 계획

오늘 예산: 원

☐	원	☐	원
☐	원	☐	원

지출

대분류	소분류	사용처 및 내역	결제 수단	금액
				원
				원
				원
				원
				원
				원
			총지출	원

혜택 / 낭비

혜택	
낭비	

카드 사용액

	원
	원

결제 수단

현금	카드	저축	기타
원	원	원	

칭찬 / 반성

칭찬:

반성:

21
WED

소비 계획

오늘 예산: 원

☐	원	☐	원
☐	원	☐	원

지출

대분류	소분류	사용처 및 내역	결제 수단	금액
				원
				원
				원
				원
				원
				원
			총지출	원

혜택 / 낭비

혜택	
낭비	

카드 사용액

	원
	원

결제 수단

현금	카드	저축	기타
원	원	원	

칭찬 / 반성

칭찬:

반성:

하루 가계부

22
THU

소비 계획

오늘 예산: 원

☐	원	☐	원
☐	원	☐	원

지출

대분류	소분류	사용처 및 내역	결제 수단	금액
				원
				원
				원
				원
				원
				원
			총지출	원

혜택 / 낭비

혜택	
낭비	

카드 사용액

	원
	원

결제 수단

현금	카드	저축	기타
원	원	원	

칭찬 / 반성

칭찬:

반성:

하루 가계부

23

FRI

소비 계획

오늘 예산: 원

☐	원	☐	원
☐	원	☐	원

지출

대분류	소분류	사용처 및 내역	결제 수단	금액
				원
				원
				원
				원
				원
				원
			총지출	원

혜택 / 낭비

혜택	
낭비	

카드 사용액

	원
	원

결제 수단

현금	카드	저축	기타
원	원	원	

칭찬 / 반성

칭찬:

반성:

하루 가계부

24
SAT

소비 계획

오늘 예산: 원

☐	원	☐	원
☐	원	☐	원

지출

대분류	소분류	사용처 및 내역	결제 수단	금액
				원
				원
				원
				원
				원
				원
			총지출	원

혜택 / 낭비

혜택	
낭비	

카드 사용액

	원
	원

결제 수단

현금	카드	저축	기타
원	원	원	

칭찬 / 반성

칭찬:

반성:

하루 가계부

25
SUN

소비 계획

오늘 예산: 원

☐	원	☐	원
☐	원	☐	원

지출

대분류	소분류	사용처 및 내역	결제 수단	금액
				원
				원
				원
				원
				원
				원
			총지출	원

혜택 / 낭비

혜택	
낭비	

카드 사용액

	원
	원

결제 수단

현금	카드	저축	기타
원	원	원	

칭찬 / 반성

칭찬:

반성:

11월 넷째 주(11. 19 ~ 11. 25)

분류별 분석

대분류	금액	지난주	↑↓	예산 잔액	피드백
	원	원		원	
	원	원		원	
	원	원		원	
	원	원		원	
	원	원		원	
	원	원		원	
	원	원		원	
합계	원	원		원	

혜택 / 낭비

혜택	
낭비	
피드백	

결제 수단별 총지출액

현금	카드	저축	기타
원	원	원	

카드 사용액

	원		원		원

이번 주 마무리 및 다음 주 소비 계획

□
□
□
□

하루 가계부

26
MON

소비 계획

오늘 예산: 원

☐	원	☐	원
☐	원	☐	원

지출

대분류	소분류	사용처 및 내역	결제 수단	금액
				원
				원
				원
				원
				원
				원
			총지출	원

혜택 / 낭비

혜택	
낭비	

카드 사용액

	원
	원

결제 수단

현금	카드	저축	기타
원	원	원	

칭찬 / 반성

칭찬:

반성:

하루 가계부

27
TUE

소비 계획

오늘 예산: 원

☐	원	☐	원
☐	원	☐	원

지출

대분류	소분류	사용처 및 내역	결제 수단	금액
				원
				원
				원
				원
				원
				원
			총지출	원

혜택 / 낭비

혜택	
낭비	

카드 사용액

	원
	원

결제 수단

현금	카드	저축	기타
원	원	원	

칭찬 / 반성

칭찬:

반성:

하루 가계부

28
WED

소비 계획

오늘 예산: 원

☐	원	☐	원
☐	원	☐	원

지출

대분류	소분류	사용처 및 내역	결제 수단	금액
				원
				원
				원
				원
				원
				원
			총지출	원

혜택 / 낭비

혜택	
낭비	

카드 사용액

	원
	원

결제 수단

현금	카드	저축	기타
원	원	원	

칭찬 / 반성

칭찬:

반성:

하루 가계부

29
THU

소비 계획

오늘 예산: 원

☐	원	☐	원
☐	원	☐	원

지출

대분류	소분류	사용처 및 내역	결제 수단	금액
				원
				원
				원
				원
				원
				원
			총지출	원

혜택 / 낭비

혜택	
낭비	

카드 사용액

	원
	원

결제 수단

현금	카드	저축	기타
원	원	원	

칭찬 / 반성

칭찬:

반성:

하루 가계부

30
FRI

소비 계획

오늘 예산: 원

☐	원	☐	원
☐	원	☐	원

지출

대분류	소분류	사용처 및 내역	결제 수단	금액
				원
				원
				원
				원
				원
				원
			총지출	원

혜택 / 낭비

혜택	
낭비	

카드 사용액

	원
	원

결제 수단

현금	카드	저축	기타
원	원	원	

칭찬 / 반성

칭찬:

반성:

일주일 마무리

11월 다섯째 주(11. 26 ~ 11. 30)

분류별 분석

대분류	금액	지난주	↑↓	예산 잔액	피드백
	원	원		원	
	원	원		원	
	원	원		원	
	원	원		원	
	원	원		원	
	원	원		원	
	원	원		원	
합계	원	원		원	

혜택 / 낭비

혜택	
낭비	
피드백	

결제 수단별 총지출액

현금	카드	저축	기타
원	원	원	

카드 사용액

	원		원		원

이번 주 마무리 및 다음 주 소비 계획

- [ ]
- [ ]
- [ ]
- [ ]

고정 지출 결산

대분류	결산	예산	↑↓	피드백
	원	원		
	원	원		
	원	원		
	원	원		
	원	원		
	원	원		
	원	원		
합계	원	원		

변동 지출 결산

대분류	결산	예산	↑↓	피드백
	원	원		
	원	원		
	원	원		
	원	원		
	원	원		
	원	원		
	원	원		
	원	원		
	원	원		
	원	원		
합계	원	원		

11 NOVEMBER

수입 · 지출 · 저축 총결산

수입	원	지출	원	현금	원	저축	원
				카드	원		
기타							

혜택 / 낭비

혜택	
낭비	
피드백	

카드 사용액

	원		원		원

이번 달 마무리 및 꿈 목록 체크

이번 달 꿈 목록 현황	다음 달 집중해야 할 꿈 목록

2018 CASH BOOK

12

DECEMBER

12

DECEMBER

2018

S	M	T	W	T	F	S
						1
2	3	4	5	6	7 음 11.1	8
9	10	11	12	13	14	15
16	17	18	19	20	21 음 11.15	22 동지
23 / 30	24 / 31	25 성탄절	26	27	28	29

수입 및 지출 계획	
수입	원
지출	원

개인적 목표

재정적 목표

소비 체크 리스트		
☐	☐	☐

대분류	예산	고정 지출 계획	날짜	결제 수단	확인
	원				
	원				
	원				
	원				
	원				
	원				
	원				
합계	원				

대분류	예산	변동 지출 계획
	원	
	원	
	원	
	원	
	원	
	원	
	원	
	원	
	원	
	원	
합계	원	

하루 가계부

1
SAT

소비 계획

오늘 예산: 원

☐	원	☐	원
☐	원	☐	원

지출

대분류	소분류	사용처 및 내역	결제 수단	금액
				원
				원
				원
				원
				원
				원
			총지출	원

혜택 / 낭비

혜택	
낭비	

카드 사용액

	원
	원

결제 수단

현금	카드	저축	기타
원	원	원	

칭찬 / 반성

칭찬:

반성:

하루 가계부

2
SUN

소비 계획

오늘 예산: 원

☐	원	☐	원
☐	원	☐	원

지출

대분류	소분류	사용처 및 내역	결제 수단	금액
				원
				원
				원
				원
				원
				원
			총지출	원

혜택 / 낭비

혜택	
낭비	

카드 사용액

	원
	원

결제 수단

현금	카드	저축	기타
원	원	원	

칭찬 / 반성

칭찬:

반성:

12월 첫째 주(12. 1 ~ 12. 2)

분류별 분석

대분류	금액	지난주	↑↓	예산 잔액	피드백
	원	원		원	
	원	원		원	
	원	원		원	
	원	원		원	
	원	원		원	
	원	원		원	
	원	원		원	
합계	원	원		원	

혜택 / 낭비

혜택	
낭비	
피드백	

결제 수단별 총지출액

현금	카드	저축	기타
원	원	원	

카드 사용액

	원		원		원

이번 주 마무리 및 다음 주 소비 계획

☐
☐
☐
☐

하루 가계부

3
MON

소비 계획
오늘 예산: 원

☐	원	☐	원
☐	원	☐	원

지출

대분류	소분류	사용처 및 내역	결제 수단	금액
				원
				원
				원
				원
				원
				원
			총지출	원

혜택 / 낭비

혜택	
낭비	

카드 사용액

	원
	원

결제 수단

현금	카드	저축	기타
원	원	원	

칭찬 / 반성

칭찬:

반성:

하루 가계부

4

TUE

소비 계획

오늘 예산: 원

☐	원	☐	원
☐	원	☐	원

지출

대분류	소분류	사용처 및 내역	결제 수단	금액
				원
				원
				원
				원
				원
				원
			총지출	원

혜택 / 낭비

혜택	
낭비	

카드 사용액

	원
	원

결제 수단

현금	카드	저축	기타
원	원	원	

칭찬 / 반성

칭찬:

반성:

하루 가계부

5
WED

소비 계획

오늘 예산: 원

☐	원	☐	원
☐	원	☐	원

지출

대분류	소분류	사용처 및 내역	결제 수단	금액
				원
				원
				원
				원
				원
				원
			총지출	원

혜택 / 낭비

혜택	
낭비	

카드 사용액

	원
	원

결제 수단

현금	카드	저축	기타
원	원	원	

칭찬 / 반성

칭찬:

반성:

하루 가계부

6
THU

소비 계획

오늘 예산: 원

☐	원	☐	원
☐	원	☐	원

지출

대분류	소분류	사용처 및 내역	결제 수단	금액
				원
				원
				원
				원
				원
				원
			총지출	원

혜택 / 낭비

혜택	
낭비	

카드 사용액

	원
	원

결제 수단

현금	카드	저축	기타
원	원	원	

칭찬 / 반성

칭찬:

반성:

하루 가계부

7
FRI

소비 계획

오늘 예산: 원

☐	원	☐	원
☐	원	☐	원

지출

대분류	소분류	사용처 및 내역	결제 수단	금액
				원
				원
				원
				원
				원
				원
			총지출	원

혜택 / 낭비

혜택	
낭비	

카드 사용액

	원
	원

결제 수단

현금	카드	저축	기타
원	원	원	

칭찬 / 반성

칭찬:

반성:

하루 가계부

8
SAT

소비 계획

오늘 예산: 원

☐	원	☐	원
☐	원	☐	원

지출

대분류	소분류	사용처 및 내역	결제 수단	금액
				원
				원
				원
				원
				원
				원
			총지출	원

혜택 / 낭비

혜택	
낭비	

카드 사용액

	원
	원

결제 수단

현금	카드	저축	기타
원	원	원	

칭찬 / 반성

칭찬:

반성:

하루 가계부

9
SUN

소비 계획

오늘 예산: 원

☐	원	☐	원
☐	원	☐	원

지출

대분류	소분류	사용처 및 내역	결제 수단	금액
				원
				원
				원
				원
				원
				원
			총지출	원

혜택 / 낭비

혜택	
낭비	

카드 사용액

	원
	원

결제 수단

현금	카드	저축	기타
원	원	원	

칭찬 / 반성

칭찬:

반성:

12월 둘째 주(12. 3 ~ 12. 9)

분류별 분석

대분류	금액	지난주	↑↓	예산 잔액	피드백
	원	원		원	
	원	원		원	
	원	원		원	
	원	원		원	
	원	원		원	
	원	원		원	
	원	원		원	
합계	원	원		원	

혜택 / 낭비

혜택	
낭비	
피드백	

결제 수단별 총지출액

현금	카드	저축	기타
원	원	원	

카드 사용액

	원		원		원

이번 주 마무리 및 다음 주 소비 계획

- ☐
- ☐
- ☐
- ☐

하루 가계부

10
MON

소비 계획

오늘 예산: 원

☐	원	☐	원
☐	원	☐	원

지출

대분류	소분류	사용처 및 내역	결제 수단	금액
				원
				원
				원
				원
				원
				원
			총지출	원

혜택 / 낭비

혜택	
낭비	

카드 사용액

	원
	원

결제 수단

현금	카드	저축	기타
원	원	원	

칭찬 / 반성

칭찬:

반성:

하루 가계부

11
TUE

소비 계획

오늘 예산: 원

☐	원	☐	원
☐	원	☐	원

지출

대분류	소분류	사용처 및 내역	결제 수단	금액
				원
				원
				원
				원
				원
				원
			총지출	원

혜택 / 낭비

혜택	
낭비	

카드 사용액

	원
	원

결제 수단

현금	카드	저축	기타
원	원	원	

칭찬 / 반성

칭찬:

반성:

하루 가계부

12
WED

소비 계획

오늘 예산: 원

☐	원	☐	원
☐	원	☐	원

지출

대분류	소분류	사용처 및 내역	결제 수단	금액
				원
				원
				원
				원
				원
				원
			총지출	원

혜택 / 낭비

혜택	
낭비	

카드 사용액

	원
	원

결제 수단

현금	카드	저축	기타
원	원	원	

칭찬 / 반성

칭찬:

반성:

하루 가계부

13
THU

소비 계획

오늘 예산: 원

☐	원	☐	원
☐	원	☐	원

지출

대분류	소분류	사용처 및 내역	결제 수단	금액
				원
				원
				원
				원
				원
				원
			총지출	원

혜택 / 낭비

혜택	
낭비	

카드 사용액

	원
	원

결제 수단

현금	카드	저축	기타
원	원	원	

칭찬 / 반성

칭찬:

반성:

하루 가계부

14
FRI

소비 계획

오늘 예산: 원

☐	원	☐	원
☐	원	☐	원

지출

대분류	소분류	사용처 및 내역	결제 수단	금액
				원
				원
				원
				원
				원
				원
			총지출	원

혜택 / 낭비

혜택	
낭비	

카드 사용액

	원
	원

결제 수단

현금	카드	저축	기타
원	원	원	

칭찬 / 반성

칭찬:

반성:

하루 가계부

15
SAT

소비 계획

오늘 예산: 원

☐	원	☐	원
☐	원	☐	원

지출

대분류	소분류	사용처 및 내역	결제 수단	금액
				원
				원
				원
				원
				원
				원
			총지출	원

혜택 / 낭비

혜택	
낭비	

카드 사용액

	원
	원

결제 수단

현금	카드	저축	기타
원	원	원	

칭찬 / 반성

칭찬:

반성:

하루 가계부

16
SUN

소비 계획

오늘 예산: 원

☐	원	☐	원
☐	원	☐	원

지출

대분류	소분류	사용처 및 내역	결제 수단	금액
				원
				원
				원
				원
				원
				원
			총지출	원

혜택 / 낭비

혜택	
낭비	

카드 사용액

	원
	원

결제 수단

현금	카드	저축	기타
원	원	원	

칭찬 / 반성

칭찬:

반성:

일주일 마무리

12월 셋째 주(12. 10 ~ 12. 16)

분류별 분석

대분류	금액	지난주	↑↓	예산 잔액	피드백
	원	원		원	
	원	원		원	
	원	원		원	
	원	원		원	
	원	원		원	
	원	원		원	
	원	원		원	
합계	원	원		원	

혜택 / 낭비

혜택	
낭비	
피드백	

결제 수단별 총지출액

현금	카드	저축	기타
원	원	원	

카드 사용액

	원		원		원

이번 주 마무리 및 다음 주 소비 계획

- ☐
- ☐
- ☐
- ☐

하루 가계부

17
MON

소비 계획

오늘 예산: 원

☐	원	☐	원
☐	원	☐	원

지출

대분류	소분류	사용처 및 내역	결제 수단	금액
				원
				원
				원
				원
				원
				원
			총지출	원

혜택 / 낭비

혜택	
낭비	

카드 사용액

	원
	원

결제 수단

현금	카드	저축	기타
원	원	원	

칭찬 / 반성

칭찬:

반성:

하루 가계부

18
TUE

소비 계획

오늘 예산: 원

☐	원	☐	원
☐	원	☐	원

지출

대분류	소분류	사용처 및 내역	결제 수단	금액
				원
				원
				원
				원
				원
				원
			총지출	원

혜택 / 낭비

혜택	
낭비	

카드 사용액

	원
	원

결제 수단

현금	카드	저축	기타
원	원	원	

칭찬 / 반성

칭찬:

반성:

19
WED

소비 계획

오늘 예산: 원

☐	원	☐	원
☐	원	☐	원

지출

대분류	소분류	사용처 및 내역	결제 수단	금액
				원
				원
				원
				원
				원
				원
			총지출	원

혜택 / 낭비

혜택	
낭비	

카드 사용액

	원
	원

결제 수단

현금	카드	저축	기타
원	원	원	

칭찬 / 반성

칭찬:

반성:

하루 가계부

20
THU

소비 계획

오늘 예산: 원

☐	원	☐	원
☐	원	☐	원

지출

대분류	소분류	사용처 및 내역	결제 수단	금액
				원
				원
				원
				원
				원
				원
			총지출	원

혜택 / 낭비

혜택	
낭비	

카드 사용액

	원
	원

결제 수단

현금	카드	저축	기타
원	원	원	

칭찬 / 반성

칭찬:

반성:

하루 가계부

21
FRI

소비 계획

오늘 예산: 원

☐	원	☐	원
☐	원	☐	원

지출

대분류	소분류	사용처 및 내역	결제 수단	금액
				원
				원
				원
				원
				원
				원
			총지출	원

혜택 / 낭비

혜택	
낭비	

카드 사용액

	원
	원

결제 수단

현금	카드	저축	기타
원	원	원	

칭찬 / 반성

칭찬:

반성:

하루 가계부

22
SAT

소비 계획

오늘 예산: 원

☐	원	☐	원
☐	원	☐	원

지출

대분류	소분류	사용처 및 내역	결제 수단	금액
				원
				원
				원
				원
				원
				원
			총지출	원

혜택 / 낭비

혜택	
낭비	

카드 사용액

	원
	원

결제 수단

현금	카드	저축	기타
원	원	원	

칭찬 / 반성

칭찬:

반성:

하루 가계부

23
SUN

소비 계획

오늘 예산: 원

☐	원	☐	원
☐	원	☐	원

지출

대분류	소분류	사용처 및 내역	결제 수단	금액
				원
				원
				원
				원
				원
				원
			총지출	원

혜택 / 낭비

혜택	
낭비	

카드 사용액

	원
	원

결제 수단

현금	카드	저축	기타
원	원	원	

칭찬 / 반성

칭찬:

반성:

12월 넷째 주(12. 17 ~ 12. 23)

분류별 분석

대분류	금액	지난주	↑↓	예산 잔액	피드백
	원	원		원	
	원	원		원	
	원	원		원	
	원	원		원	
	원	원		원	
	원	원		원	
	원	원		원	
합계	원	원		원	

혜택 / 낭비

혜택	
낭비	
피드백	

결제 수단별 총지출액

현금	카드	저축	기타
원	원	원	

카드 사용액

	원		원		원

이번 주 마무리 및 다음 주 소비 계획

☐
☐
☐
☐

하루 가계부

24
MON

소비 계획

오늘 예산: 원

☐	원	☐	원
☐	원	☐	원

지출

대분류	소분류	사용처 및 내역	결제 수단	금액
				원
				원
				원
				원
				원
				원
			총지출	원

혜택 / 낭비

혜택	
낭비	

카드 사용액

	원
	원

결제 수단

현금	카드	저축	기타
원	원	원	

칭찬 / 반성

칭찬:

반성:

하루 가계부

25
TUE

소비 계획
오늘 예산: 원

☐	원	☐	원
☐	원	☐	원

지출

대분류	소분류	사용처 및 내역	결제 수단	금액
				원
				원
				원
				원
				원
				원
			총지출	원

혜택 / 낭비

혜택	
낭비	

카드 사용액

	원
	원

결제 수단

현금	카드	저축	기타
원	원	원	

칭찬 / 반성

칭찬:

반성:

하루 가계부

26
WED

소비 계획

오늘 예산: 원

☐	원	☐	원
☐	원	☐	원

지출

대분류	소분류	사용처 및 내역	결제 수단	금액
				원
				원
				원
				원
				원
				원
			총지출	원

혜택 / 낭비

혜택	
낭비	

카드 사용액

	원
	원

결제 수단

현금	카드	저축	기타
원	원	원	

칭찬 / 반성

칭찬:

반성:

하루 가계부

27
THU

소비 계획

오늘 예산: 원

☐	원	☐	원
☐	원	☐	원

지출

대분류	소분류	사용처 및 내역	결제 수단	금액
				원
				원
				원
				원
				원
				원
			총지출	원

혜택 / 낭비

혜택	
낭비	

카드 사용액

	원
	원

결제 수단

현금	카드	저축	기타
원	원	원	

칭찬 / 반성

칭찬:

반성:

하루 가계부

28
FRI

소비 계획

오늘 예산: 원

☐	원	☐	원
☐	원	☐	원

지출

대분류	소분류	사용처 및 내역	결제 수단	금액
				원
				원
				원
				원
				원
				원
			총지출	원

혜택 / 낭비

혜택	
낭비	

카드 사용액

	원
	원

결제 수단

현금	카드	저축	기타
원	원	원	

칭찬 / 반성

칭찬:

반성:

하루 가계부

29

SAT

소비 계획

오늘 예산: 원

☐	원	☐	원
☐	원	☐	원

지출

대분류	소분류	사용처 및 내역	결제 수단	금액
				원
				원
				원
				원
				원
				원
			총지출	원

혜택 / 낭비

혜택	
낭비	

카드 사용액

	원
	원

결제 수단

현금	카드	저축	기타
원	원	원	

칭찬 / 반성

칭찬:

반성:

하루 가계부

30
SUN

소비 계획

오늘 예산: 원

☐	원	☐	원
☐	원	☐	원

지출

대분류	소분류	사용처 및 내역	결제 수단	금액
				원
				원
				원
				원
				원
				원
			총지출	원

혜택 / 낭비

혜택	
낭비	

카드 사용액

	원
	원

결제 수단

현금	카드	저축	기타
원	원	원	

칭찬 / 반성

칭찬:

반성:

하루 가계부

31
MON

소비 계획

오늘 예산: 원

☐	원	☐	원
☐	원	☐	원

지출

대분류	소분류	사용처 및 내역	결제 수단	금액
				원
				원
				원
				원
				원
				원
			총지출	원

혜택 / 낭비

혜택	
낭비	

카드 사용액

	원
	원

결제 수단

현금	카드	저축	기타
원	원	원	

칭찬 / 반성

칭찬:

반성:

12월 다섯째 주(12. 24 ~ 12. 31)

분류별 분석

대분류	금액	지난주	↑ ↓	예산 잔액	피드백
	원	원		원	
	원	원		원	
	원	원		원	
	원	원		원	
	원	원		원	
	원	원		원	
	원	원		원	
합계	원	원		원	

혜택 / 낭비

혜택	
낭비	
피드백	

결제 수단별 총지출액

현금	카드	저축	기타
원	원	원	

카드 사용액

	원		원		원

이번 주 마무리 및 다음 주 소비 계획

☐
☐
☐
☐

고정 지출 결산

대분류	결산	예산	↑↓	피드백
	원	원		
	원	원		
	원	원		
	원	원		
	원	원		
	원	원		
	원	원		
합계	원	원		

변동 지출 결산

대분류	결산	예산	↑↓	피드백
	원	원		
	원	원		
	원	원		
	원	원		
	원	원		
	원	원		
	원	원		
	원	원		
	원	원		
	원	원		
합계	원	원		

수입 · 지출 · 저축 총결산

수입	원	지출	원	현금	원	저축	원
				카드	원		
기타							

혜택 / 낭비

혜택	
낭비	
피드백	

카드 사용액

	원		원		원

이번 달 마무리 및 꿈 목록 체크

이번 달 꿈 목록 현황	다음 달 집중해야 할 꿈 목록

2018년 결산

		대분류	1월	2월	3월	4월	5월	6월
총수입			원	원	원	원	원	원
			원	원	원	원	원	원
	합계		원	원	원	원	원	원
총지출	고정 지출		원	원	원	원	원	원
			원	원	원	원	원	원
			원	원	원	원	원	원
			원	원	원	원	원	원
			원	원	원	원	원	원
			원	원	원	원	원	원
			원	원	원	원	원	원
	합계		원	원	원	원	원	원
	변동 지출		원	원	원	원	원	원
			원	원	원	원	원	원
			원	원	원	원	원	원
			원	원	원	원	원	원
			원	원	원	원	원	원
			원	원	원	원	원	원
			원	원	원	원	원	원
			원	원	원	원	원	원
			원	원	원	원	원	원
			원	원	원	원	원	원
	합계		원	원	원	원	원	원
	총합계		원	원	원	원	원	원
총수입 - 총지출			원	원	원	원	원	원

7월	8월	9월	10월	11월	12월	월 평균
원	원	원	원	원	원	원
원	원	원	원	원	원	원
원	원	원	원	원	원	원
원	원	원	원	원	원	원
원	원	원	원	원	원	원
원	원	원	원	원	원	원
원	원	원	원	원	원	원
원	원	원	원	원	원	원
원	원	원	원	원	원	원
원	원	원	원	원	원	원
원	원	원	원	원	원	원
원	원	원	원	원	원	원
원	원	원	원	원	원	원
원	원	원	원	원	원	원
원	원	원	원	원	원	원
원	원	원	원	원	원	원
원	원	원	원	원	원	원
원	원	원	원	원	원	원
원	원	원	원	원	원	원
원	원	원	원	원	원	원
원	원	원	원	원	원	원
원	원	원	원	원	원	원
원	원	원	원	원	원	원
원	원	원	원	원	원	원

단기 목적 통장 내역표

❶

저축 시작한 날짜		목표 달성 기간		목표 달성 금액	원

목표 달성을 위한 응원 메시지

날짜	저축한 돈	소비한 돈	남은 돈	메모	소비 결과
	원	원	원		
	원	원	원		
	원	원	원		
	원	원	원		
	원	원	원		
	원	원	원		
	원	원	원		
	원	원	원		

❷

저축 시작한 날짜		목표 달성 기간		목표 달성 금액	원

목표 달성을 위한 응원 메시지

날짜	저축한 돈	소비한 돈	남은 돈	메모	소비 결과
	원	원	원		
	원	원	원		
	원	원	원		
	원	원	원		
	원	원	원		
	원	원	원		
	원	원	원		
	원	원	원		

❸

저축 시작한 날짜		목표 달성 기간		목표 달성 금액	원

목표 달성을 위한 응원 메시지

날짜	저축한 돈	소비한 돈	남은 돈	메모	소비 결과
	원	원	원		
	원	원	원		
	원	원	원		
	원	원	원		
	원	원	원		
	원	원	원		
	원	원	원		
	원	원	원		

❹

저축 시작한 날짜		목표 달성 기간		목표 달성 금액	원

목표 달성을 위한 응원 메시지

날짜	저축한 돈	소비한 돈	남은 돈	메모	소비 결과
	원	원	원		
	원	원	원		
	원	원	원		
	원	원	원		
	원	원	원		
	원	원	원		
	원	원	원		
	원	원	원		

장기 목적 통장 내역표

❶

저축 시작한 날짜		목표 달성 기간		목표 달성 금액	원

목표 달성을 위한 응원 메시지

날짜	저축한 돈	소비한 돈	남은 돈	메모	소비 결과
	원	원	원		
	원	원	원		
	원	원	원		
	원	원	원		
	원	원	원		
	원	원	원		
	원	원	원		
	원	원	원		
	원	원	원		
	원	원	원		
	원	원	원		
	원	원	원		
	원	원	원		
	원	원	원		
	원	원	원		
	원	원	원		
	원	원	원		
	원	원	원		
	원	원	원		
	원	원	원		
	원	원	원		
	원	원	원		

❷

저축 시작한 날짜		목표 달성 기간		목표 달성 금액	원

목표 달성을 위한 응원 메시지

날짜	저축한 돈	소비한 돈	남은 돈	메모	소비 결과
	원	원	원		
	원	원	원		
	원	원	원		
	원	원	원		
	원	원	원		
	원	원	원		
	원	원	원		
	원	원	원		
	원	원	원		
	원	원	원		
	원	원	원		
	원	원	원		
	원	원	원		
	원	원	원		
	원	원	원		
	원	원	원		
	원	원	원		
	원	원	원		
	원	원	원		
	원	원	원		
	원	원	원		
	원	원	원		

❸

저축 시작한 날짜		목표 달성 기간		목표 달성 금액	원

목표 달성을 위한 응원 메시지

날짜	저축한 돈	소비한 돈	남은 돈	메모	소비 결과
	원	원	원		
	원	원	원		
	원	원	원		
	원	원	원		
	원	원	원		
	원	원	원		
	원	원	원		
	원	원	원		
	원	원	원		
	원	원	원		
	원	원	원		
	원	원	원		
	원	원	원		
	원	원	원		
	원	원	원		
	원	원	원		
	원	원	원		
	원	원	원		
	원	원	원		
	원	원	원		
	원	원	원		
	원	원	원		

④

저축 시작한 날짜		목표 달성 기간		목표 달성 금액	원

목표 달성을 위한 응원 메시지

날짜	저축한 돈	소비한 돈	남은 돈	메모	소비 결과
	원	원	원		
	원	원	원		
	원	원	원		
	원	원	원		
	원	원	원		
	원	원	원		
	원	원	원		
	원	원	원		
	원	원	원		
	원	원	원		
	원	원	원		
	원	원	원		
	원	원	원		
	원	원	원		
	원	원	원		
	원	원	원		
	원	원	원		
	원	원	원		
	원	원	원		
	원	원	원		
	원	원	원		
	원	원	원		

한눈에 보는 통장 사용 설명서

❶

종류		용도		상품명		
금리	기본	연 %	우대	연 %	최종 금리	연 %
납입 금액	원	이자 받는 날				
계좌 번호		보유 및 목표 금액	원			
가입일		만기일 (혜택 끝나는 날)				
세금 우대	일반과세 / 세금우대저축 / 비과세	세금 우대 한도	원			
특징 및 혜택 (금리 우대 조건 및 수수료 면제 조건 등)						
연결되어 있는 카드		만기 시 자동 해지 후 입금 통장				

❷

종류		용도		상품명		
금리	기본	연 %	우대	연 %	최종 금리	연 %
납입 금액	원	이자 받는 날				
계좌 번호		보유 및 목표 금액	원			
가입일		만기일 (혜택 끝나는 날)				
세금 우대	일반과세 / 세금우대저축 / 비과세	세금 우대 한도	원			
특징 및 혜택 (금리 우대 조건 및 수수료 면제 조건 등)						
연결되어 있는 카드		만기 시 자동 해지 후 입금 통장				

한눈에 보는 카드 사용 설명서

❶

카드명		혜택
종류	☐ 신용 ☐ 체크 ☐ 기타 ( )	•
번호		•
유효기간		•
한도		•
전월 실적		•
결제일		•

❷

카드명		혜택
종류	☐ 신용 ☐ 체크 ☐ 기타 ( )	•
번호		•
유효기간		•
한도		•
전월 실적		•
결제일		•

❸

카드명		혜택
종류	☐ 신용 ☐ 체크 ☐ 기타 ( )	•
번호		•
유효기간		•
한도		•
전월 실적		•
결제일		•

모바일 상품권 리스트

❶

유효기간	내역	판매처	핀 번호 & 쿠폰 번호	연장 및 환불
	☐			
	☐			
	☐			
	☐			
	☐			
	☐			
	☐			
	☐			
	☐			
	☐			
	☐			
	☐			
	☐			
	☐			
	☐			
	☐			
	☐			
	☐			
	☐			
	☐			
	☐			
	☐			
	☐			
	☐			
	☐			

❷

유효기간	내역	판매처	핀 번호 & 쿠폰 번호	연장 및 환불
	☐			
	☐			
	☐			
	☐			
	☐			
	☐			
	☐			
	☐			
	☐			
	☐			
	☐			
	☐			
	☐			
	☐			
	☐			
	☐			
	☐			
	☐			
	☐			
	☐			
	☐			
	☐			
	☐			
	☐			
	☐			

경조사 체크리스트

❶

날짜	목적	대상	사용처 및 내역	결제 수단	금액
					원
					원
					원
					원
					원
					원
					원
					원
					원
					원
					원
					원
					원
					원
					원
					원
					원
					원
					원
					원
					원
					원
					원
					원
총합계					원

❷

날짜	목적	대상	사용처 및 내역	결제 수단	금액
					원
					원
					원
					원
					원
					원
					원
					원
					원
					원
					원
					원
					원
					원
					원
					원
					원
					원
					원
					원
					원
					원
					원
					원
총합계					원

은혜 갚기 리스트

날짜	목적	대상	사용처 및 내역	금액	보답
				원	
				원	
				원	
				원	
				원	
				원	
				원	
				원	
				원	
				원	
				원	
				원	
				원	
				원	
				원	
				원	
				원	
				원	
				원	
				원	
				원	
				원	
				원	
				원	
				원	

위시 리스트

구매하고 싶은 항목	가격	이유	필요도
☐	원		☐☐☐☐☐
☐	원		☐☐☐☐☐
☐	원		☐☐☐☐☐
☐	원		☐☐☐☐☐
☐	원		☐☐☐☐☐
☐	원		☐☐☐☐☐
☐	원		☐☐☐☐☐
☐	원		☐☐☐☐☐
☐	원		☐☐☐☐☐
☐	원		☐☐☐☐☐
☐	원		☐☐☐☐☐
☐	원		☐☐☐☐☐
☐	원		☐☐☐☐☐
☐	원		☐☐☐☐☐
☐	원		☐☐☐☐☐
☐	원		☐☐☐☐☐
☐	원		☐☐☐☐☐
☐	원		☐☐☐☐☐
☐	원		☐☐☐☐☐
☐	원		☐☐☐☐☐
☐	원		☐☐☐☐☐
☐	원		☐☐☐☐☐
☐	원		☐☐☐☐☐
☐	원		☐☐☐☐☐
☐	원		☐☐☐☐☐

기본형

2018

처음 가계부

초판 1쇄 발행 2017년 10월 12일
초판 2쇄 발행 2018년 1월 10일

지은이 김나연
발행 (주)조선뉴스프레스
발행인 김창기
편집인 우태영
기획편집 김화(팀장), 박영빈
판매 방경록(부장), 최종현
디자인 올디자인
일러스트 바니모모
교정·교열 김현지

편집문의 724-6726, 6729
구입문의 724-6794, 6797
등록 제301-2001-037호
등록일자 2001년 1월 9일
주소 서울특별시 마포구 상암산로 34 DMC 디지털큐브빌딩 13층 (주)조선뉴스프레스 (03909)

값 15,800원
ISBN 979-11-5578-463-1 03590

무지출 day

무지출 day

무지출 day!

무지출

무지출 day

무지출 day

무지출

무지출 day

무지출 day

무지출 day

무지출 day

무지출 day

무지출 day

무지출

무지출 day

무지출

무지출 day

무지출

무지출 day

무지출 day

무지출

무지출 day

무지출 day

무지출

무지출 day

무지출